指令操作
與網路設定

圖解

Linux

イラストでそこそこわかる Linux

(Irasuto de sokosoko wakaru Linux: 6178-5)

Copyright © 2020 Kotobuki Kawano.

Original Japanese edition published by SHOEISHA Co., Ltd.

Complex Chinese Character translation rights arranged with SHOEISHA Co., Ltd.

through JAPAN UNI AGENCY, INC.

Complex Chinese Character translation copyright © 2020 by 碁峰資訊股份有限公司 .

序

自 UNIX 問世以來，已經過了五十年。

雖然運作環境與核心（kernel）不斷進化，但沒想到能一直使用同一套 OS（系統），直教人覺得不可思議。

一如本書所介紹的，UNIX 本身的進化也非常多元，但其中最為重要的，莫過於「Linux」的問世與普及。

Linux 目前有許多發行版本，其中以 Debian 的 Ubuntu 以及 Red Hat 的 CentOS 最為普及。

在伺服器與基礎建設的世界裡，Red Hat 的 CentOS 算是最常使用，所以本書也以 CentOS 的環境說明。

筆者最初接觸的 Linux 是 Slackware 這個發行版，雖然這個版本沒有安裝程式，也不像現在的新版本那麼好用，而且周邊裝置都需經過確認才能安裝，所以就印象所及，光是安裝就大費周章。

等到家裡採用光纖網路，有了固定 IP 之後，才開始「在家自建伺服器」，當時是利用 Red Hat 建置伺服器，現在回想起來，從這個過程中學到不少東西。

本書將使用 Oracle 提供的 VirtualBox 虛擬化應用程式，執行本書所需的 CentOS，各位讀者可透過這個學習環境，實際體驗 Linux 的操作。

要學習 Linux，「邊學邊試」是最快的捷徑，而且本書使用的是虛擬環境，可不斷重複安裝，所以請大家務必勇於嘗試，學習所需的基本知識。

河野 寿

本書是根據 2016 年 1 月發行的下列標題撰寫，但已修正為方便學習 Linux 基本知識的內容。
「透過插圖稍微了解 LPIC 的一年級小學生」（翔泳社）

本書的使用方法

本書的宗旨是要讓你「看圖就能了解 Linux 的操作」，只要看看漫畫、插圖圖解與 Point 的內容，就能了解這些命令或操作會有什麼結果。

在 VirtualBox 的虛擬環境啟動 Linux 再輸入命令，就能進一步了解整個過程（關於 VirtualBox 或本書所提供的 CentOS 線上下載與安裝方法，請參考第 1 章的《06》）。

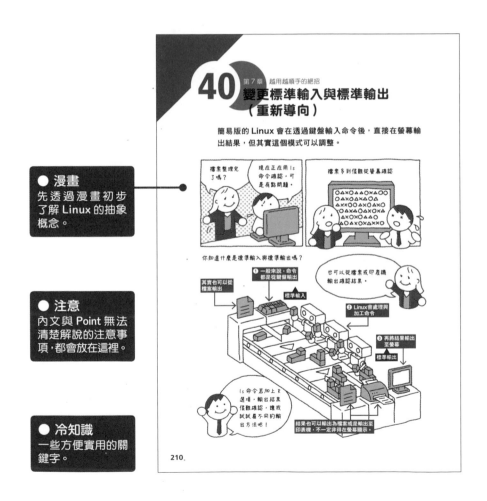

● 漫畫
先透過漫畫初步了解 Linux 的抽象概念。

● 注意
內文與 Point 無法清楚解說的注意事項，都會放在這裡。

● 冷知識
一些方便實用的關鍵字。

● 本書的主要讀者族群

● 從沒使用過 Linux 的人

● 使用過 Linux，卻沒有以命令操作過的人

● 本書使用的環境

<電腦規格>

● OS：Windows 10 Pro 64bit

● 記憶體：32GB

● 硬碟：20TB

● CPU：Intel CPU Core i5-7600K

< Oracle VM VirtualBox >

● VirtualBox 的版本：
  VirtualBox 6.0.14

<學習所需的 Linux >

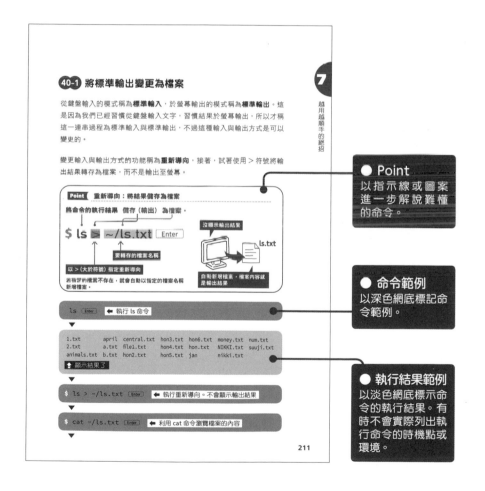

目錄

第 1 章　在開始學習之前

第 2 章　開始使用 Linux 吧

第 3 章　檔案與目錄的基本操作

第 4 章　第一次使用編輯器就上手

第 5 章　使用者扮演的角色與群組的基本常識

第6章 使用 Shell 的實用功能

第 **7** 章　越用越順手的絕招

第 **8** 章　軟體與套件的基本知識

第 **9** 章　檔案系統的基礎知識

第 **12** 章　伺服器租用服務、虛擬伺服器、雲端服務的基礎知識

範例檔下載

本書使用的學習環境為 Linux（CentOS 7），請由下列的網站下載。

　http://books.gotop.com.tw/download/ACA026300

※ 由於檔案較大，下載可能得花一些時間。

※ 隨附檔案為 *.zip 壓縮檔，下載後請務必先解壓縮。

◆ 注意

※ 範例檔案的內容是本書執筆時的內容。

※ 雖然提供範例檔案的相關敘述都力求正確，但作者與出版社都不對相關敘述提供任何保障，根據內文還是範例執行的結果，都不負任何責任。

第 **1** 章　在開始學習之前

01 這就是 OS、 這就是 Linux !

軟體分成基本軟體與應用軟體兩種，而應用軟體就是我們熟知的 App，基本軟體則是 OS。

莉奈子：任職於小型文具公司的總務部，是工作幹練的上班族女性，公司的系統也由她維護。

廣海：任職於總務部的新員工，目前擔任莉奈子的助手，每天學習工作所需的知識，對電腦也不熟悉。

01-1 軟體 = 應用軟體 + 基本軟體

說到電腦的**軟體**,大部分的人應該會立刻想到 Word、Excel 或是遊戲這類**應用軟體**。為了讓這些應用軟體在舞台上盡情發揮,**基本軟體**就必須在後台努力工作。

如果以體育比賽來比喻這兩種軟體,應用軟體就像是明星選手,基本軟體就像是裁判或是主辦方這類工作人員,只要少了任何一邊,比賽就無法順利進行。

> Windows 或 macOS、Linux 都是隱身後台的基本軟體。

這些應用軟體與基本軟體有許多別名,例如應用軟體又稱為**應用程式**、**APP 或軟體**,**基本軟體則又稱為作業系統**(Operating System)。由於作業系統的英文太長,許多人都直接取首字說成 **OS**。

01-2 Linux 是 OS,因為伺服器相關的應用軟體而聲名大噪

Linux 是 OS 的一種,也有 Word 或 Excel 這類應用軟體,但更多的是讓不特定多數的人在網路使用的網路相關應用軟體。比方說,我們常透過電腦與智慧型手機使用網頁瀏覽器與電子郵件,但背後其實是有許多軟體在 Linux 運作,我們才能透過網路交換資料。

02 **Linux** 的發展歷史

UNIX 已在日新月異的電腦世界裡存活五十年以上，接著讓我們一起看看 UNIX 的孩子，也就是 Linux 誕生的歷史吧！

① UNIX在1960年代末期於美國的AT&T貝爾實驗室誕生。

② 之後因為法律問題，AT&T將UNIX的原始碼（程式碼）公開。

③ 1970年代，UNIX逐步於大學或研究機關普及。

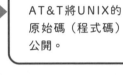

開發人員之一的
丹‧斯里奇

進化為
Linux
的沿革

④ 當時還是學生的比爾喬伊便帶領團隊，催生出UNIX改良版的「BSD」，透過BSD版的UNIX打造網路環境。

⑧ 除了大學、研究機關之外，許多企業、學校、公家機關都採用Linux。

林納斯托瓦茲

比爾‧喬伊

⑦ 之後有許多人透過網路參與Linux的開發，Linux自此急速發展。

⑥ 1990年代，芬蘭的學生林納斯托瓦茲獨立打造了與UNIX相容的OS（Linux）。

⑤ 1980年代，卡內基美隆大學改良的UNIX成為Apple的macOS雛型。

02-1 Linux 的雛型是 UNIX

除了 Linux，OpenBSD 這類 OS 也一樣是以 **UNIX** 為藍圖（請參考下列表格），所以這些 OS 都稱為 UNIX 系列的 OS。順帶一提，macOS 與 FreeBSD 的 BSD 系列具有相同的起源，所以也都是 UNIX 系列的 OS。

OS	說明
macOS	Apple 改良的 UNIX 系列 OS
Linux	開源的 UNIX 系列 OS
OpenBSD	開源的 UNIX 系列 OS
Android	Google 自 Linux 改良的智慧型手機專用 OS
iOS	Apple 公司自 macOS 改良的 iPhone 專用 OS
Solaris	Oracle 公司改良的 UNIX

02-2 開源的 Linux 急速發展

Linux 與 Microsoft 公司的 Windows 10 或 Apple 公司的 macOS 之間存在著一項決定性的差異，那就是 Linux 屬於**開源**作業系統。

所謂的「開源」指的是應用程式或 OS 的程式碼（原始碼）於網路全面公開，讓世界上所有人都能自由地瀏覽以及改良，所以能在短時間內版本升級，而且程式的問題也比較少。

💡 冷知識

核心
核心是控制電腦硬體的 OS 的心臟，嚴格來說是林納斯托瓦茲打造了 Linux 的核心。

03 Linux 能充份扮演伺服器 OS 的角色

為什麼 Linux 的網路相關應用軟體會如此豐富？實際上有哪些應用軟體呢？

03-1 伺服器與用戶端

電腦與智慧型手機可透過網路瀏覽網頁、電子郵件，也能接收音樂或影片與其他資料。此時負責提供資料的稱為**伺服器端**，向伺服器要求資料的稱為**用戶端**。舉例來說，瀏覽器網頁的網頁瀏覽器為用戶端，對網頁瀏覽器提供網頁資料的是（網頁）伺服器。

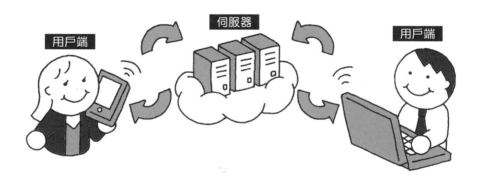

💡 冷知識

主從式架構

這種資料由伺服器提供，並由用戶端接收，雙方角色截然不同的架構稱為主從式架構，許多網路服務都屬於這種主從式架構。

03-2 受眾人青睞的伺服器 OS「Linux」

所謂的伺服器 OS 就是指最適合使用各種伺服器相關應用程式的 OS，
具體的特徵包含：

● 支援網路大量存取

● 速度快

● 非常穩定可靠

● 沒有授權問題（例如「最高可同時十台連線」的限制）

● 性價比極高（例如可於一台電腦架設許多伺服器）

● 容易維護

Linux 是符合上述條件的伺服器 OS，而且可免費使用，所以才於個人使
用、企業、研究機關以及全世界普及。

冷知識

服務就是
回應來自用戶端要求的機制。

03-3 具代表性的伺服器應用程式

有許多伺服器應用程式都可架設伺服器，在此依照功能的不同，介紹於
Linux 內建的伺服器相關應用程式。

伺服器種類	具代表性的應用程式	說明
網頁伺服器	Apache Nginx	網頁瀏覽器所需的應用程式。目前以搭配 PHP、Perl 這類程式設計語言或 MySQL、PostgreSQL 這類程式庫，打造複雜的網頁為主流。

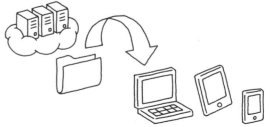

郵件伺服器	Postfix Sendmail Dovecot POP/POP3 IMAP	存取電子郵件所需的應用程式。必須同時架設傳送電子郵件的 SMTP 伺服器、接收電子郵件的 POP 伺服器與 IMAP 伺服器。

檔案伺服器	Samba	透過網路存取檔案所需的應用程式。Samba 可當成 Windows 專用檔案伺服器使用。

伺服器種類	具代表性的應用程式	說明
DNS 伺服器	BIND	將網域名稱轉換為 IP 位址（參考第 11 章的『54』）的應用程式。
FTP 伺服器	vsftpd ProFTPD	主要是將資料上傳至網頁伺服器，或是從網頁伺服器下載資料的應用程式。
資料庫伺服器	MySQL PostgreSQL MariaDB Oracle 公司的 Oracle Database	經營與管理資料庫的應用程式。具有資料庫與資料庫管理系統，可對網頁伺服器提供資料的伺服器稱為資料庫伺服器。
代理伺服器	Squid	具備限制存取特定網站或是儲存網頁瀏覽歷程的功能，也具有相對安全性的應用程式，許多企業都將代理伺服器當成網頁伺服器使用。

04 Linux 有豪華版與陽春版的操作方式

這次要帶大家了解操作應用程式的介面。Linux 內建了豪華版與陽春版的操作方式。

04-1 像 Windows 或智慧型手機的豪華版 Linux

現在的電腦與智慧型手機都用 **GUI**（Graphical User Interface），螢幕裡有許多圖示與視窗，只要用滑鼠或手指點選，應用程式就會啟動。

Liunx 也能使用這種 GUI。這種豪華版的 Linux 可利用滑鼠點選畫面裡的圖示，進行相關的操作。讓我們先看看 Linux 的畫面吧（畫面為 CentOS 7）。

像 Windows 或 macOS 一樣，點選圖示就能啟動應用程式

終端機（終端機應用程式）

也能執行常見於 Windows 或 macOS 的應用程式

04-2 只能操作文字的陽春版 Linux

除了上述的豪華版之外，也有使用 **CUI** 這種操作方式的 Linux。在外觀炫麗的 GUI 普及之前，都是使用 CUI（Character User Interface）。CUI 的畫面只有文字，輸入也只能使用鍵盤，所有的操作都只能透過輸入文字進行。

```
    link/ether 08:00:27:04:92:57 brd ff:ff:ff:ff:ff:ff
    inet 10.0.2.15/24 brd 10.0.2.255 scope global noprefixroute dynamic enp0s3
       valid_lft 81204sec preferred_lft 81204sec
    inet6 fe80::1f69:7f1c:3c49:e105/64 scope link noprefixroute
       valid_lft forever preferred_lft forever
[rinako@localhost ~]$ nmcli d show
GENERAL.DEVICE:                         enp0s3
GENERAL.TYPE:                           ethernet
GENERAL.HWADDR:                         08:00:27:04:92:57
GENERAL.MTU:                            1500
GENERAL.STATE:                          100 (connected)
GENERAL.CONNECTION:                     enp0s3
GENERAL.CON-PATH:                       /org/freedesktop/NetworkManager/ActiveConnection/1
WIRED-PROPERTIES.CARRIER:               on
IP4.ADDRESS[1]:                         10.0.2.15/24
IP4.GATEWAY:                            10.0.2.2
IP4.ROUTE[1]:                           dst = 0.0.0.0/0, nh = 10.0.2.2, mt = 100
IP4.ROUTE[2]:                           dst = 10.0.2.0/24, nh = 0.0.0.0, mt = 100
IP4.DNS[1]:                             192.168.11.254
IP4.DNS[2]:                             8.8.8.8
IP6.ADDRESS[1]:                         fe80::1f69:7f1c:3c49:e105/64
IP6.GATEWAY:
IP6.ROUTE[1]:                           dst = fe80::/64, nh = ::, mt = 100
IP6.ROUTE[2]:                           dst = ff00::/8, nh = ::, mt = 256, table=255
```

名稱	操作方法	顯示內容	說明
GUI	滑鼠與鍵盤	文字、圖示、圖片	是 Graphical User Interface 的簡寫
CUI	鍵盤	只有文字	是 Character User Interface 的簡寫

04-3 其實陽春版 Linux 才是主流！

陽春版 Linux 與豪華版 Linux 相較之下，介面或許較為不友善，但是

● 習慣之後，操作會變得更快、更有效率

● 有許多遠端操作的伺服器相關應用程式無法透過 GUI 操作

● 能讓例行公事自動化

因為有上述這些好處，所以陽春版 Linux 才會是主流。本書也將從第二章之後，說明陽春版 Linux 也就是 CUI 的 Linux 操作。

05 從發行版挑出最適合的 Linux

要安裝 Linux，就必須從為數眾多的發行版挑出最適合的版本。挑選的重點在於成本與支援期間。

05-1 從發行版之中挑選要安裝的 Linux

由於 Linux 是開源碼軟體，所以當然可自行安裝核心，挑選想要的應用程式，打造專屬自己的作業環境，但相對的，這需要耗費不少時間，也需要具備相關的技能，所以從眾多的**發行版**挑選最適合的版本安裝，算是較常見的方式。

換言之，與其耗費大量的金錢與時間，打造一間完全符合預期的豪宅，根據預算與隔間挑出最適當的成屋，似乎是較實際的方式。

發行版除了 OS 的 Linux 之外，也顧及了使用者使用的方便性，所以

● 會在安裝 Linux 的時候，同時安裝必要的應用程式。

● 會在安裝 Linux 的時候，設定 Linux 與應用程式的環境，以便能立刻使用。

這簡直就像是「可立刻入住的成屋」對吧，只要安裝完畢，就能立刻使用。

💡 **冷知識**

安裝

指的是將 OS 與應用程式輸入電腦的過程，有時也稱為設定。

05-2 發行版取得管道

能從網路下載的通常是免費版本，當然也有付費版本。

05-3 發行版的種類

發行版除了市售類型之外，也有網路社群或個人製作的類型，種類可說是多不勝數，而且使用方法也各異其趣。

● 大型伺服器專用（為公家機關或大企業量身打造）

● 小型伺服器專用（為小企業、個人量身打造）

● 最新規格的電腦專用（可透過網頁伺服器應付大量的連線數）

● 舊款電腦專用（個人興趣或學習使用）

● 網路測試專用（開發者適用）

● 教育用

產品線可說是分支繁多。發行版的種類雖然看似龐雜，但其實可粗略分成兩大系統，分別是 Red Hat 與 Debian。

系統	主要發行版
Red Hat	Red Hat Enterprise Linux Fedora CentOS
Debian	DebianGNU／Linux Ubuntu

Red Hat 系列與 Debian 系列的發行版在操作體系略有不同，不同的發行版也內建了不同的應用程式，而且就算是相同的應用程式，也可能有不同的稱呼或使用方法。

05-4 成本與支援期間是選擇的重點

要從為數眾多的發行版挑出適當的版本，看起來是件很辛苦的事，但其實只需要根據成本與支援期間挑選即可。

重點	注意事項
成本	付費還免費
支援期間	越長越好

05-5 付費還是免費？

所謂的付費就是取得支援內容需要付費，業務專用的伺服器或是其他不容許稍有差池，一旦出問題就必須快速復原的伺服器，就應該從付費發行版選取需要的版本。

主要的付費發行版	開發企業
Red Hat Enterprise Linux	Red Hat
SUSE Linux Enterprise Server	SUSE

如果使用免費的發行版，就得自行解決問題，話說回來，在 Google 搜尋，或是在社群發問，通常就能找到需要的資訊。

在免費伺服器的發行版當中，非常受歡迎的是 **CentOS**。

主要的免費發行版	開發企業	特徵
CentOS	Red Hat	從 Red Hat Enterprise Linux 拿掉商標與商用應用軟體的版本。沒有支援內容

05-6 若考慮業務規模，應以支援期間為主要挑選依據

支援期間長短也非常重要，比方說，Fedora 的功能非常優異，但支援期間只有前兩個版本發佈之後的一個月，而 Fedora 一年發佈兩次，換言之，支援期間只有十三個月，不符合業務實際需求。

Red Hat Enterprise Linux 或 CentOS 的支援期間為發佈後的十年。在電腦世界裡，十年絕對符合企業的需求。

若要採用 Ubuntu，則請選擇每兩年發佈一次的「LTS」。「LTS」是 Long Term Support 的縮寫。一般的 Ubuntu 只在發佈之後的九個月之內繼續更新，但是 LTS 則是在發佈之後的五年內持續更新。雖然 Ubuntu 與 Fedora 一樣，都是一年發佈兩次，但是一般的 Ubuntu 只在發佈之後的九個月之內更新。

06

開始安裝吧！

若想自學 Linux，建議利用 VirtualBox 建立虛擬的 CentOS。

06-1 先確認安裝所需的硬體

有些發行版也能安裝在較舊規格的電腦，但如果是要用來建立伺服器，建議使用較高規格的硬體，才能符合營業用途。

在安裝之前，讓我們先確認一些需要的硬體。順帶一提，若跟著本書使用 CentOS 7，記憶體最少得 1GB，硬碟的容量最少得 10GB，但這只是 CentOS 7 的需求，若加上虛擬環境的話，就需要額外的資源（記憶體或儲存空間）。

06-2 常見的安裝模式就是從網路下載映像檔

若要安裝免費的發行版，可從網路下載映像檔，將檔案燒成 CD 或是 DVD。此時用來下載檔案的機器可以是 Windows 或 Mac。

06-3 使用 USB 隨身碟

若您的機器沒有光碟機,可先將發行版寫入 USB 隨身碟,從 USB 啟動 Linux 的安裝程式。

要製作安裝專用的 USB 隨身碟,可使用 UNetbootin 這類工具。

06-4 利用 DVD 啟動

有些發行版不需要安裝,可直接從 DVD 啟動。這種模式稱為「Live DVD」(若使用的是 CD,就稱為 Live CD)。

Live DVD 的模式可輕鬆打造 Linux 環境,但因為使用的是 DVD,所以資料基本上無法儲存,執行速度也比較慢,通常只用於簡單的測試或是其他暫時性的用途。

06-5 讓舊電腦重生

有些發行版較為輕量,可在低規格的電腦正常運作,例如下列這些都屬於輕量發行版。

- Tiny Core Linux
- Puppy Linux
- Linux Mint

上述這些發行版只需要 256MB 的記憶體與幾 GB 的硬碟空間就能安裝。

06-6 使用不需要實體機器的虛擬機器軟體

截至目前為止的説明都提到要使用 Linux，就必須準備一台專用的電腦。

但其實可利用**虛擬機器軟體**打造安裝 Linux 所需的環境。為了避免大家誤會，所謂的虛擬機器軟體就是

> ### 可在目前使用的 Windows 機器安裝 Linux

所以原有的 Windows 機器不需要重新安裝。由於是利用 Windows 的應用軟體打造完整的 Linux 機器，所以速度會比實體機器慢一點，但瑕不掩瑜，虛擬機器軟體還有許多優點，舉例來説

● 不需要為了 Linux 準備一台電腦

● 可延用 Windows 原有的環境，能一邊使用 Word、Excel 或是瀏覽網頁，一邊使用 Linux

● 可在一台 Windows 機器安裝多種 Linux 發行版

● 不管失敗幾次都可從頭來過

正因為有這些優點，所以虛擬機器軟體非常適用於學習 Linux。

ᛜ 冷知識

虛擬機器軟體不只是 Windows 與 Linux 的好夥伴
虛擬機器軟體還可安裝 Linux 之外的 OS，例如可在 Windows 10 的機器安裝 Windows 8。

06-7 在 VirtualBox 安裝 Linux

接下來,要在 Windows 10 的機器安裝虛擬機器軟體 Oracle VM VirtualBox(以下簡稱 **VirtualBox**)。要注意的是,本書使用的 VirtualBox 6.0.14 只支援 64 位元的環境,無法支援 32 位元的環境。

此外,此安裝方法為本書撰稿時(2019 年 11 月中旬)的資訊。

① 請從下列的網址下載 Windows 專用的 VirtualBox。

➡ https://www.virtualbox.org/wiki/Download_Old_Builds_6_0

點選 VirtualBox 6.0.14 下的「Windows HOsts」,就會開始下載。

② 若下載的是 Windows 版本，檔案格式會是執行檔，只要雙點檔案就會開始安裝。

③ 安裝過程都是中文說明，只要依照畫面指示點選「Next（下一步）」就不會有問題。只是有兩點需要特別注意。

- 不要變更設定

- 中途若顯示是否安裝「網路介面」的警告（Warning），請點選「Yes」

④ 點選「完成」，結束 VirtualBox 的安裝。

⑤ 下載本書為了 VirtualBox 設定的虛擬機器檔案。

碁峰 ➡ http://books.gotop.com.tw/download/ACA026300

⑥ 下載後，在任何一個位置解壓縮下載的 zip 檔案。

⑦ 啟動 VirtualBox。雙點桌面的 VirtualBox 的圖示 ，啟動畫面開啟後，從「檔案」選單點選「匯入應用裝置」。

⑧ 在「匯入虛擬應用裝置」的檔案參照圖示，載入步驟⑥解壓縮的檔案（SokoSoko_CentOS7.ova）。

⑨ 點選「下一步」，再於下一個畫面點選「匯入」，就會開始載入映像檔。

⑩ 匯入成功後，VirtualBox 的左側就會新增虛擬機器。

⑪ 要啟動虛擬機器，可雙點剛剛新增的虛擬機器，就會開啟虛擬機器的視窗。

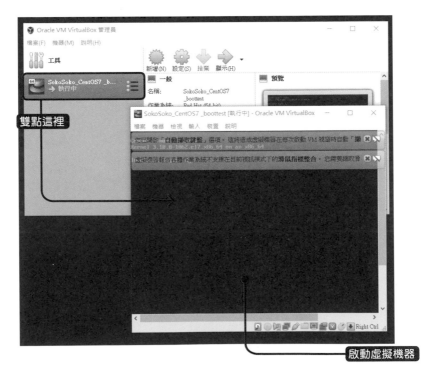

⑫ 虛擬機器啟動後，請登入帳號。具體的登入方法會於第 2 章介紹（參考第 2 章的『07-2』）。

① 注意

下載的虛擬環境會對 IP 位置設定「NAT」，所以在虛擬環境下，VirtualBox 會指派「10.0.x.0/24」這種 IP 位址（參考第 11 章的『58-2』）。

🔆 冷知識

虛擬環境（Guest OS）與 Host OS 的切換方法

點選虛擬環境的視窗，鍵盤與滑鼠的操作就會切換成虛擬環境的操作。若想從虛擬環境切回主機的 OS（Host OS）可點選「Host Key」。預設的 Host Key 為「右邊的 [Ctrl] 鍵」。Host Key 的內容以及目前是否為虛擬環境的操作，都於畫面右下角顯示。

此外，虛擬機器的主選單有個「Host +」的快捷鍵，這也是 Host Key，可用來進行反覆執行的作業。

06-8 結束 VirtualBox

要結束 VirtualBox，可從「檔案」選單點選「結束」或是直接點選畫面右上角的「×」。要結束虛擬機器則可使用 systemctl poweroff 命令（參考第 5 章的『29-2』）。

06-9 安裝時的注意事項

本書使用的 VirtualBox 6.0.14 是以 64 位元的 OS 作為主機。

雖然 VirtualBox 消耗的資源（記憶體與硬碟容量）與一般的應用程式差不多，但還是得為 Guest OS 保留足夠的記憶體與硬碟空間。

本書內容操作環境為 Windows 10 Pro 64bit、記憶體 32GB、硬碟空間 20TB、CPU Core i5–7600K。

VirtualBox 支援的 Windows 版本（2019 年 11 月中旬）

在本書撰稿時，VirtualBox 6.0.14 支援的 Windows OS 如下，全部都是 64 位元的版本。

- Windows 8
- Windows 8.1
- Windows 10
- Windows Server 2012
- Windows Server 2012 R2
- Windows Server 2016
- Windows Server 2019

問題 1

像 Linux 這種誰都能取得程式碼的機制稱為什麼機制？

ⓐ Public Domain

ⓑ Open Source

ⓒ Virtual Domain

ⓓ License Free

問題 2

回應使用者要求的電腦稱為什麼？

ⓐ Server

ⓑ Pointer

ⓒ Application

ⓓ Web System

問題 3

Linux 的發行版主要分成兩大類，一種是 Debian，另一種是？

ⓐ Windows

ⓑ VirtualBox

ⓒ macOS

ⓓ Red Hat

解 答

問題 1 解答

答案是 ⓑ 的 Open Source（開源）。

公開被視為企業機密的商用軟體程式碼，讓全世界的工程師一起改良軟
體的機制。

問題 2 解答

答案是 ⓐ 的 Server（伺服器）。

使用者的電腦稱為「用戶端」，而回應用戶端要求的系統稱為主從式架
構。此外，所謂的伺服器是指回應要求的電腦本身（硬體）與在這台電
腦執行的各種軟體。

問題 3 解答

答案是 ⓓ 的 Red Hat。

Red Hat 有 Red Hat Enterprise Linux、Fedora、CentOS 這類發
行版，Fedora、CentOS 是從 Red Hat Enterprise Linux 拿掉商標
或商業應用程式的版本，而且沒有支援期間。

第**2**章 開始使用 Linux 吧

07 從登入開始

不管是 **Windows** 還是在 **Mac** 的環境，Linux 都要從登入開始，但要登入之前，必須先設定系統管理者的使用者姓名與密碼。

07-1 啟動與登入

開啟電腦的電源，直到能實際操作的狀態稱為**啟動**，而在 Linux 的環境下，一啟動就必須輸入**使用者姓名**與**密碼**，確認訪客是否為正式的使用者，而這個確認過程就稱為**登入**。

07-2 使用之前安裝的 VirtualBox 登入

啟動 VirtualBox（參考第 1 章的『06-7』），開啟之前載入的 CentOS。啟動後，點選 CentOS 的畫面，就能使用鍵盤與滑鼠。接著要輸入使用者姓名與密碼登入 Linux。

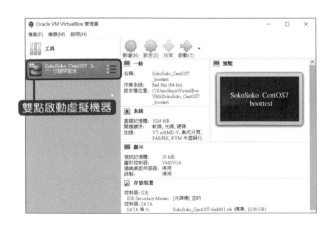

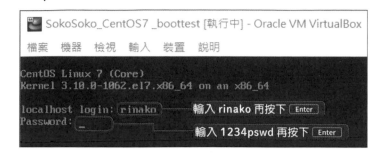

本書使用的 CentOS 是於 CUI 的環境操作，只能使用鍵盤輸入。輸入使用者姓名與正確的密碼之後，就能順利登入。

範例使用的使用者姓名為「rinako」，密碼則是「1234pswd」。輸入錯誤，會再次顯示「login」這個命令提示字元，此時重新輸入一遍。要注意的是，大小寫的英文字母被視為不同的字母。

一般的登入方式如下。

localhost login: ◀ 滑鼠游標不斷閃爍，提示此時可輸入文字
↑「localhost」的部分會隨著使用者的姓名改變

localhost login: rinako Enter
↑ 輸入使用者姓名再按下 Enter 鍵

Password:
↑ 接著輸入密碼，再按下 Enter 鍵。密碼不會於畫面顯示

$
↑ 登入成功後，會出現命令提示字元（這裡顯示的是 $ 符號，但在不同的裝置會顯示不同的符號）

08 命令提示字元是準備就緒的暗號

畫面裡的命令提示字元就是隨時能執行命令（參考下一節『09』）的暗號。

08-1 命令提示字元是「準備就緒」的暗號

命令提示字元是 Linux 給我們的暗號，告訴我們「一切已準備就緒」，接下來就可以開始執行一些 Linux 的**命令**。所謂命令，就是 Linux 內建的命令，相當於應用程式。

顯示命令提示字元的畫面稱為**命令列**。

08-2 本書的命令提示字元寫法

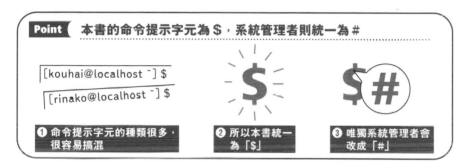

為了以不同的命令提示字元代表不同的使用者，本書將所有的命令提示字元統一為「白色 $」的格式。如果在説明命令時，使用的是白色的 $，代表這是一般使用者的命令提示字元。

```
[rinako@localhost ~]$    ◀ 每個使用者的命令提示字元都不一樣
```
▼
```
$    ◀ 本書統一使用這個命令提示字元
```

唯獨系統管理員是以「白色的 #」代表。

```
#    ◀ 系統管理員會以這個命令提示字元代表
```

09 試著使用命令

先試著使用幾個簡單的命令。

Point 　**執行簡單的命令**

顯示今天的日期。　　　　　　　　　顯示今天的月曆。

$ **date** Enter　　　　　　　$ **cal** Enter

↑命令提示字元　↑命令名稱　↑最後按下 Enter 鍵　　　命令名稱都是小寫英文字母

09-1 輸入命令名稱再按下 Enter 鍵

接著試著執行命令吧！先使用 **date** 命令確認今天的日期。利用鍵盤輸入小寫英文字母的 ⒹⓐⓉⒺ，再按下 Enter 鍵。

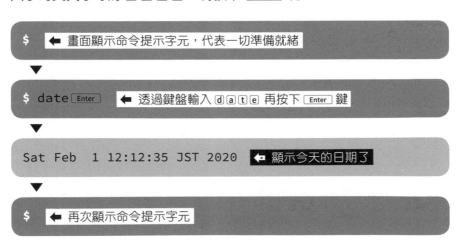

$　◀ 畫面顯示命令提示字元，代表一切準備就緒

▼

$ date Enter　◀ 透過鍵盤輸入 ⒹⓐⓉⒺ 再按下 Enter 鍵

▼

Sat Feb　1 12:12:35 JST 2020　◀ 顯示今天的日期了

▼

$　◀ 再次顯示命令提示字元

命令執行完畢後，命令提示字元會回到螢幕上，等待使用者輸入下一個點。

由於是第一次執行命令，所以才詳述畫面的變化，之後只會說明命令與執行結果，但大家應該能看得懂才對。

接著利用 **cal** 命令顯示這個月的月曆。透過鍵盤輸入 ⓒⓐⓛ 再按下 Enter 鍵。

 $ cal Enter   ⬅ 透過鍵盤輸入 ⓒⓐⓛ 再按下 Enter 鍵

▼

```
    February 2020
Su Mo Tu We Th Fr Sa
                   1
 2  3  4  5  6  7  8
 9 10 11 12 13 14 15
16 17 18 19 20 21 22
23 24 25 26 27 28 29   ⬅ 顯示這個月的月曆了
```

 冷知識

命令名稱都是小寫英文字母

不管是 date 命令還是 cal 命令，剛剛都是以小寫英文字母輸入。這並非偶然，而是 Linux 有規定命令不能輸入大寫英文字母。

① 注意

大寫與小寫英文字母被視為不同的字母

Linux 將鍵盤輸入的大寫與小寫英文字母視為不同的字母，例如「A」與「a」就是不同的字母。

① 注意

英語或中文環境

Linux 的執行結果會隨著「語言」(本書稱為地區設定。請參考第 6 章的『35-4』或是登入方法以英文或中文顯示。雖然可以調整語言的設定，但本書介紹的是英文的執行結果 (因為大部分的伺服器都是以英文模式運作)。

09-2 失敗也不要緊張

執行命令時，若不小心拼錯命令會顯示錯誤訊息，此時只需要輸入正確的命令名稱即可。

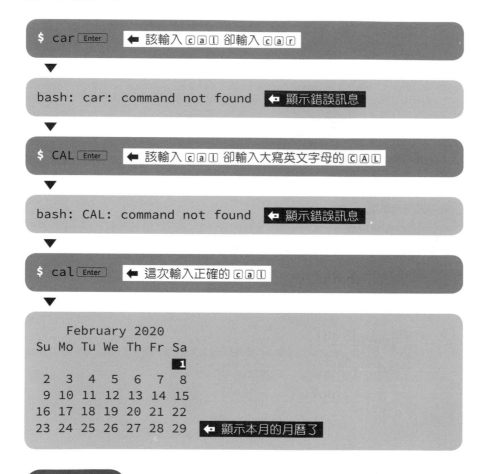

```
$ car Enter    ← 該輸入 cal 卻輸入 car
```

```
bash: car: command not found    ← 顯示錯誤訊息
```

```
$ CAL Enter    ← 該輸入 cal 卻輸入大寫英文字母的 CAL
```

```
bash: CAL: command not found    ← 顯示錯誤訊息
```

```
$ cal Enter    ← 這次輸入正確的 cal
```

```
    February 2020
Su Mo Tu We Th Fr Sa
                   1
 2  3  4  5  6  7  8
 9 10 11 12 13 14 15
16 17 18 19 20 21 22
23 24 25 26 27 28 29    ← 顯示本月的月曆了
```

⊙ 注意

錯誤訊息也可能是英文

有時候錯誤訊息會是英文。一開始或許會覺得很錯愕，但要熟悉 Linux 的操作，就必須習慣這些英文。基本上都是簡單易讀的英文。

09-3 可利用參數進行更細膩的設定

Point 執行帶有參數的命令

顯示 2020 年的 月曆。

$ cal 2020 Enter

命令名稱　參數　在命令名稱與參數之間輸入一個以上的半形空白字元

讓我們利用 **cal** 命令顯示 2020 年所有的月曆。

$ cal 2020 Enter

↑ 輸入 cal，再輸入空白字元，接著輸入 2020，然後按下 Enter 鍵

▼

```
                              2020

      January                February                 March
Su Mo Tu We Th Fr Sa    Su Mo Tu We Th Fr Sa    Su Mo Tu We Th Fr Sa
       1  2  3  4                        1        1  2  3  4  5  6  7
 5  6  7  8  9 10 11        2  3  4  5  6  7  8     8  9 10
11 12 13 14
12 13 14 15 16 17 18        9 10 11 12 13 14 15    15 16 17 18 19 20 21
19 20 21 22 23 24 25       16 17 18 19 20 21 22    22 23 24 25 26 27 28
26 27 28 29 30 31          23 24 25 26 27 28 29    29 30 31

      April                   May                     June
```

↑ 實際的畫面會顯示 1 月～ 12 月的月曆

此時指定的 **2020** 稱為**參數**。

可指定的參數不只一個,例如要顯示 2020 年 4 月的月曆,可在 **cal** 後面輸入 **4** 與 **2020** 這兩個參數。此時參數之間可利用半形空白字元間隔。

$ cal space 4 space 2020 Enter　◀ 利用空白字元間隔命令或參數

▼

```
       April 2020
Su Mo Tu We Th Fr Sa
          1  2  3  4
 5  6  7  8  9 10 11
12 13 14 15 16 17 18
19 20 21 22 23 24 25
26 27 28 29 30
```

← 指定參數，顯示 2020 年 4 月的月曆

09-4 如果想自訂顯示內容，可加上選項

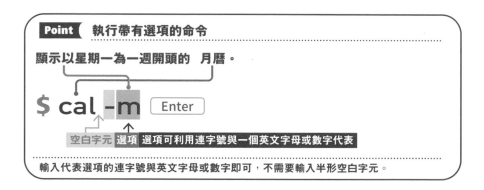

Point 執行帶有選項的命令

顯示以星期一為一週開頭的 月曆。

$ cal -m ⌷Enter⌷

空白字元 | 選項 選項可利用連字號與一個英文字母或數字代表

輸入代表選項的連字號與英文字母或數字即可，不需要輸入半形空白字元。

例如想利用 **cal** 命令顯示月曆，但希望一週的開頭從星期日換成星期一的時候，可利用選項的 **-m** 指定。

$ cal ⌷Enter⌷
⬆ 什麼都不指定就執行命令

```
    February 2020
Su Mo Tu We Th Fr Sa
                   1
 2  3  4  5  6  7  8
 9 10 11 12 13 14 15
16 17 18 19 20 21 22
23 24 25 26 27 28 29
```
⬆ 從星期日開始

$ cal -m ⌷Enter⌷
⬆ 加上選項的 -m 再執行命令

```
    February 2020
Mo Tu We Th Fr Sa Su
                1  2
 3  4  5  6  7  8  9
10 11 12 13 14 15 16
17 18 19 20 21 22 23
24 25 26 27 28 29
```
⬆ 一週從星期一開始

雖然不指定**選項**也能執行命令，但指定了，可更快完成工作。之所以稱為選項，就是因為選項是「可指定也可不指定」的部分。

選項會以「–」（連字號）與英文字母或數字（通常會是一個字母）標記，中間不需要利用空白字元間隔，直接輸入類似 −m 的設定即可。

09-5 同時使用選項與參數

Point 執行帶有選項與參數的命令

以2020年的　6月為中間月份，　顯示三個月的　月曆。

```
$ cal -3 6 2020  Enter
```

空白字元　選項要先設定　空白字元　第一個參數　空白字元　第二個參數

命令、選項、參數之間一定要輸入半形空白字元。

若要同時指定選項與參數，請依照選項→參數的順序指定，例如要顯示 2020 年 6 月、前一個月（5 月）與後一個月（7 月）這三個月的月曆，可如下指定選項與參數。

```
$ cal -3 6 2020  Enter      ◀ 選項是「3」，參數是「6」與「2020」

        May 2020             June 2020             July 2020
Su Mo Tu We Th Fr Sa  Su Mo Tu We Th Fr Sa  Su Mo Tu We Th Fr Sa
                1  2      1  2  3  4  5  6            1  2  3  4
 3  4  5  6  7  8  9   7  8  9 10 11 12 13   5  6  7  8  9 10 11
10 11 12 13 14 15 16  14 15 16 17 18 19 20  12 13 14 15 16 17 18
17 18 19 20 21 22 23  21 22 23 24 25 26 27  19 20 21 22 23 24 25
24 25 26 27 28 29 30  28 29 30              26 27 28 29 30 31
31
⬆ 顯示了三個月的月曆
```

若要設定多個參數，可在連字號之後輸入類似 **−m3** 這種讓參數接在一起，同時使用「**m**」與「**3**」這兩個參數的內容。

```
$ cal -m3 6 2020 Enter
```
↑「m」與「3」之間沒有任何間隔

▼

```
    May 2020              June 2020             July 2020
Mo Tu We Th Fr Sa Su  Mo Tu We Th Fr Sa Su  Mo Tu We Th Fr Sa Su
             1  2  3   1  2  3  4  5  6  7             1  2  3  4  5
 4  5  6  7  8  9 10   8  9 10 11 12 13 14   6  7  8  9 10 11 12
11 12 13 14 15 16 17  15 16 17 18 19 20 21  13 14 15 16 17 18 19
18 19 20 21 22 23 24  22 23 24 25 26 27 28  20 21 22 23 24 25 26
25 26 27 28 29 30 31  29 30                 27 28 29 30 31
```

💡 **冷知識**

使用命令的選項之間，得先確認選項的內容

執行帶有選項的命令當然會得到不同的執行結果，而且有些選項有大小寫英文字母之分，若輸入錯誤，很可能會導致執行內容會完全相反，或是得到預期之外的執行結果，有些選項則可在不同的命令使用。由於選項的指定如此複雜，若不確認指定方式就執行命令，就無法得到預期的結果。下面介紹的「man 命令」可幫助我們了解選項的內容。

09-6 不知道選項的使用方法就使用 man 命令查詢

man 命令可在畫面顯示命令的簡略說明。順帶一提，man 就是 manual（說明手冊）的意思。

```
$ man cal Enter      ◀ 利用參數指定想查詢的命令。範例查詢的是 cal
```
▼

```
CAL(1)                      User Commands                      CAL(1)



NAME
      cal - display a calendar

SYNOPSIS
      cal [options] [[[day] month] year]

DESCRIPTION
      cal  displays  a  simple  calendar.  If no arguments are
specifled, the current month is displayed.

OPTIONS
      -1, --one
            Display single month output.  (This is the default.)

      -3, --three
            Display prev/current/next month output.

      -s, --sunday
            Display Sunday as the first day of the week.

      -m, --monday
～省略～
```

按下 space 鍵就會切換至下一個畫面，按下 b 鍵可回到第一個畫面，按下 q 鍵可關閉說明畫面。

雖說 **man** 命令可用來查詢命令的內容，但是對初學者來說，這些內容還是有點難，所以想進一步了解命令的選項，可在網路以「Linux 命令名稱」搜尋，或是購買介紹主要命令的書籍。現階段大家記得有 **man** 這個命令就可以了，等到學得更深入，自然就會用到 **man** 這個命令。

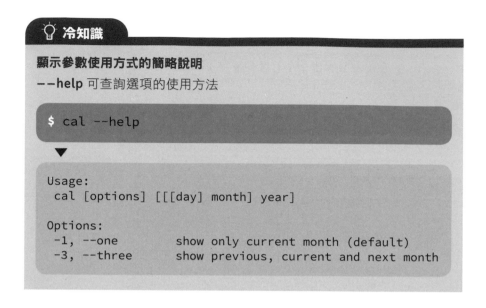

冷知識

顯示參數使用方式的簡略說明

--help 可查詢選項的使用方法

```
$ cal --help
```

▼

```
Usage:
 cal [options] [[[day] month] year]

Options:
 -1, --one        show only current month (default)
 -3, --three      show previous, current and next month
```

09-7 終點是登出

完成所有作業後，可以**登出** Linux。登出與登入是相反的目的，意思是結束在 Linux 的所有作業。如果完成所有作業卻不登出，有可能會有別人使用相同的環境，所以千萬記得要登出。

exit 命令可讓我們登出 Linux。

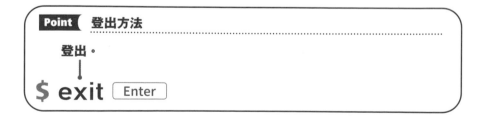

Point 登出方法

登出。
|
$ exit [Enter]

① 注意

登出與結束的差異

登出不代表結束 Linux。要結束 Linux 請關閉系統的電源（參考第 5 章的『29』）。

問題 1

下列何者是 Linux 顯示日期的命令？

ⓐ days

ⓑ date

ⓒ time

ⓓ at

問題 2

在 Linux 設定命令的運作方式時，接在命令後方的資訊稱為？

ⓐ 選項

ⓑ 列

ⓒ 資料

ⓓ 替代

問題 3

要在 Linux 顯示 2020 年 4 ～ 6 月的月曆，可使用下列哪個命令？

ⓐ cal –532020

ⓑ cal –5 3 20

ⓒ cal –5 3 2020

ⓓ cal –3 52020

ⓔ cal 4–6 2020

解 答

問題 1 解答

正確答案為 ⓑ 的 date 命令。

date 除了日期，還會傳回目前的時間。雖然這些資訊來自系統時間，但一樣可利用這個命令設定日期與時間。其他還有類似 cal 這種顯示月曆的命令。

問題 2 解答

正確答案為 ⓐ 的選項。

選項可進一步設定命令的執行內容，而且在選項後面進一步指定的檔案名稱或數值則稱為參數。UNIX 系列的 OS 通常將—help 這個選項當成查詢命令使用方式的選項使用。

問題 3 解答

正確解答為 ⓓ 的 cal –3 5 2020。

cal 命令可顯示月曆，也可以透過選項設定一週要以哪個星期別作為開頭，還能設定要顯示的月份範圍。題目的要求是顯示 2020 年 5 月與前後月份，共三個月的月曆，所以除了指定顯示 2020 年 5 月的月曆，另外加上 –3 這個顯示三個月月曆的選項。

第**3**章 檔案與目錄的基本操作

10

Linux 將資料夾稱為目錄

讓我們先了解 Linux 的目錄系統與目錄的操作方法。

10-1 Linux 的目錄就是 Windows 的資料夾

Windows 或 Mac 這類桌上型電腦要將散落的檔案整理在同一個位置時，會使用資料夾管理，而智慧型手機也有資料夾，這可是整理檔案不可或缺的利器。

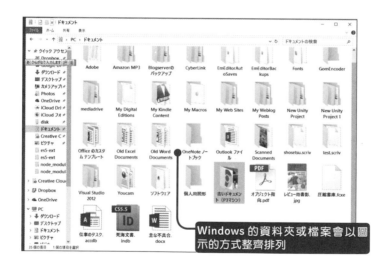

Windows 的資料夾或檔案會以圖示的方式整齊排列

Linux 當然也有資料夾，只是會改稱為**目錄**。

10-2 依照功能的不同，將大量的檔案收納在目錄裡

Linux 的主體是由大量的程式檔案或設定檔案組成，這些檔案都會依照不同的功能儲存在不同的目錄裡。不同的發行版會由不同的目錄架構與目錄名稱，但大致上會是下列的狀況。

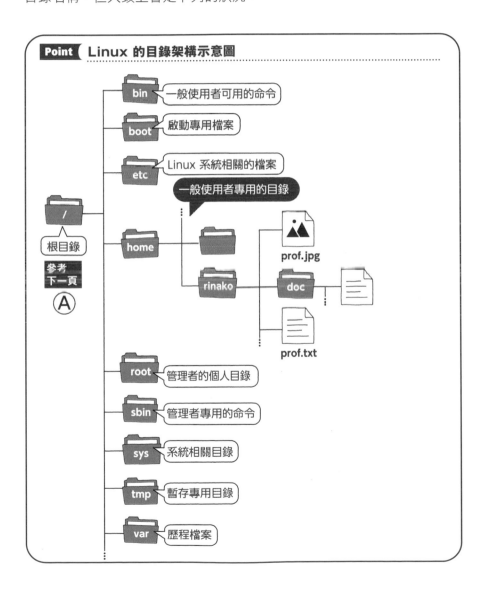

Point **Linux 的目錄架構示意圖**

- bin ── 一般使用者可用的命令
- boot ── 啟動專用檔案
- etc ── Linux 系統相關的檔案
- home ── 一般使用者專用的目錄
  - rinako
    - prof.jpg
    - doc
    - prof.txt
- root ── 管理者的個人目錄
- sbin ── 管理者專用的命令
- sys ── 系統相關目錄
- tmp ── 暫存專用目錄
- var ── 歷程檔案

/ 根目錄

參考下一頁 Ⓐ

10-3 一切都從根目錄開始

請大家看一下前一頁的圖，應該會發現所有的檔案或目錄都放在某個目錄裡（Ⓐ），這個目錄就稱為**根目錄**。

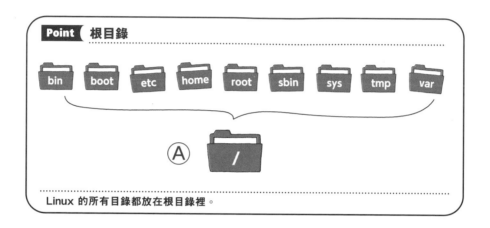

10-4 透過絕對路徑指定根目錄

從根目錄（Ⓐ）根據檔案名稱尋找，就能找到 Ⓑ 的檔案。從 Ⓐ 到 Ⓑ 的路徑如下。

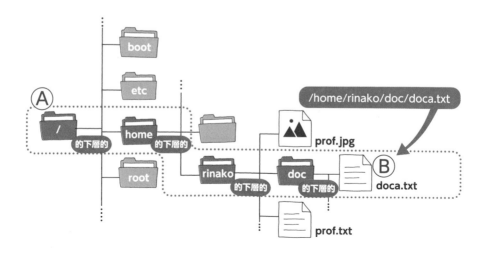

/ 的下層的 home 的下層的 rinako 的下層的 doc 的下層的 doca.txt

在 Linux，「的下層的」以「/」（斜線）代替。

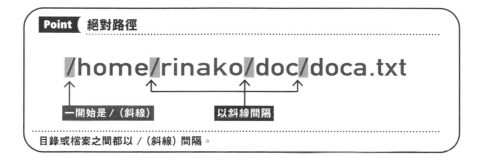

Point 絕對路徑

/home/rinako/doc/doca.txt

↑ 一開始是 / （斜線）　　↑　　↑　　↑ 以斜線間隔

目錄或檔案之間都以 / （斜線）間隔。

像這樣以根目錄為起點的檔案或目錄的位置就稱為**絕對路徑**，當然也有與絕對路徑相反的**相對路徑**（參考『11-2』）。

10-5 子目錄與父目錄

接著讓我們把注意力放在 ⓒ。若以 ⓒ 為起點，位於上一層的 home 就是 ⓒ 的**父目錄**，doc 則是**子目錄**。

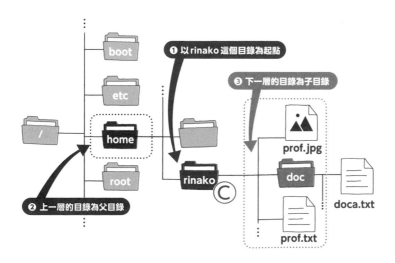

❶ 以 rinako 這個目錄為起點

❸ 下一層的目錄為子目錄

❷ 上一層的目錄為父目錄

63

11 從目錄移動至目錄

試著透過 **cd** 命令在目錄之間移動。若要確認目前所在位置可使用 **pwd** 命令。

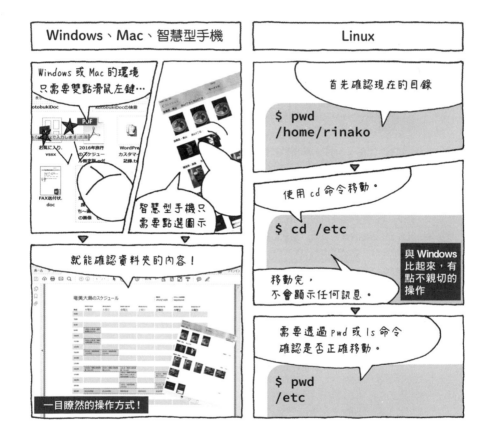

11-1 移動至目錄與確認目錄

Linux 的目錄與 Windows 的資料雖然能以相同的方法使用，但操作方法卻截然不同。

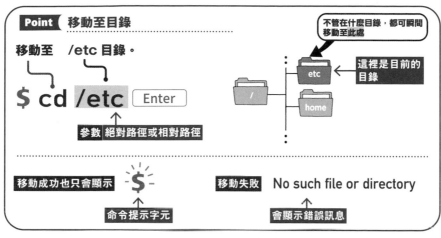

Point 移動至目錄

移動至 /etc 目錄。

$ cd /etc [Enter]

參數 絕對路徑或相對路徑

不管在什麼目錄,都可瞬間移動至此處

這裡是目前的目錄

etc

/

home

移動成功也只會顯示 $

命令提示字元

移動失敗 No such file or directory

會顯示錯誤訊息

Point 確認目錄

顯示目前的工作目錄。

會顯示現在的位置(目前工作目錄)

$ pwd [Enter] ➔ /etc

cd 命令是移動至其他目錄的命令,目的地可利用絕對路徑或相對路徑(參考『11-2』)敘述,此時的絕對路徑或相對路徑就是命令的參數。

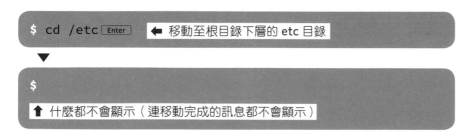

$ cd /etc [Enter] ◀ 移動至根目錄下層的 etc 目錄

▼

$

⬆ 什麼都不會顯示(連移動完成的訊息都不會顯示)

要確認移動到何處可使用 **pwd** 命令。目前所在位置的目錄另外稱為**目前工作目錄**,有時也稱為工作目錄。

```
$ pwd Enter    ← pwd 命令不需要參數
```

```
/etc   ← 顯示目前工作目錄
```

登入 Linux 之後，預設的工作目錄為「/home/ 使用者姓名」。我們現在就來確認一下是不是真是如此。請先利用 **exit** 命令登出，再重新登入一次。

```
login: rinako
Password:    ← 登入
```

```
$ pwd Enter    ← 立刻利用 pwd 確認
```

```
/home/rinako    ← 果然自動移動到與使用者姓名相同的目錄
```

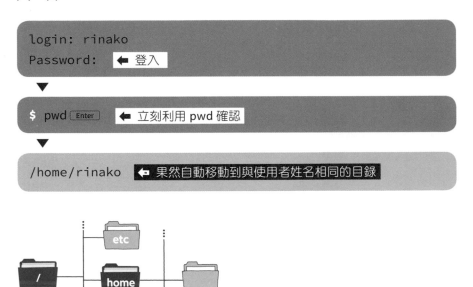

以 rinako 登入，目前工作目錄就會是這裡

這裡的「/home/ 使用者姓名」稱為**個人目錄**。個人目錄就像是一個讓使用者能夠安心完成各項作業的房間，所以使用者可隨意在此儲存檔案，只要沒有開放存取權限（參考第 5 章的『26』），其他使用者就無法偷窺有什麼檔案。

11-2 使用相對路徑移動

之前提過，以根目錄為起點描述檔案或目錄位置的路徑稱為絕對路徑（參考『10-4』）。

反之，以**目前工作目錄**為起點，描述檔案與目錄位置的路徑稱為**相對路徑**。

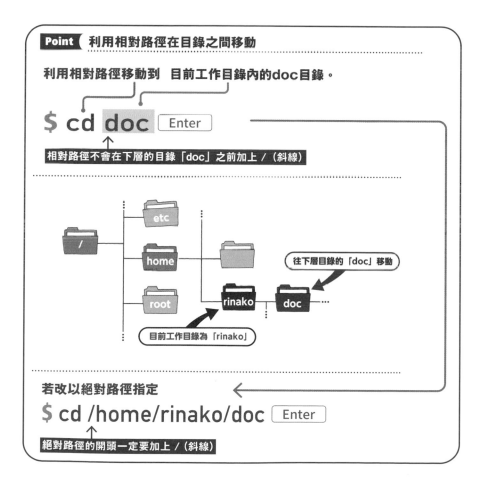

接著讓我們透過相對路徑試用 **cd** 命令。第一步，先確認目前工作目錄。

在開始之前，先將目錄切換至 rinako 這個個人目錄。

```
$ cd /home/rinako Enter
```

不管目前工作目錄為何，只要執行上述命令，就能移動到 /home/
rinako 這個目前工作目錄。

```
$ pwd Enter
```
▼

/home/rinako　← 確認目前工作目錄顯示今天的日期了

接著讓我們利用相對路徑與絕對路徑移動到目前工作目錄下方的「doc」
目錄。

```
$ cd /home/rinako/doc Enter
```
↑ 以絕對路徑指定。路徑太長！

```
$ cd doc Enter
```
↑ 以相對路徑指定。很短，很容易指定

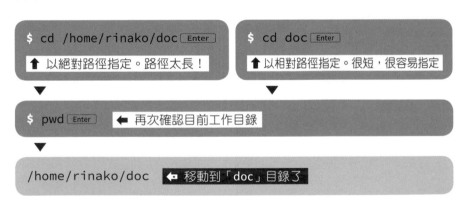

```
$ pwd Enter
```
← 再次確認目前工作目錄
▼

/home/rinako/doc　← 移動到「doc」目錄了

不管是絕對路徑還是相對路徑，都可移動到需要的目錄，但相對路徑比
絕對路徑簡潔，但利用相對路徑指定移動位置時，請務必先確認目前的
工作目錄。

如果指定了錯誤的目錄，就會顯示錯誤訊息。

```
$ cd dic Enter
```
← 要移動到 doc 目錄，但輸入了不存在的目錄 dic。
▼

```
-bash: cd: dic: No such file or directory
```
⬆ 顯示錯誤訊息了

11-3 使用方便的省略符號

讓我們利用下圖練習相對路徑與絕對路徑的 **cd** 命令。假設目前工作目錄為 Ⓒ。

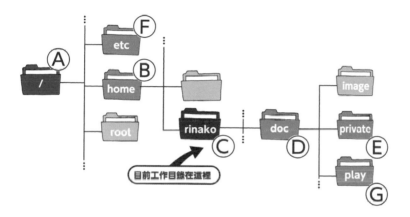

目前工作目錄在這裡

從 Ⓒ 移動至 Ⓔ

利用相對路徑從 Ⓒ 移動到 Ⓔ。「doc」的前面不用加上斜線。

```
$ cd doc/private Enter
```

接著利用絕對路徑移動。使用絕對路徑時,一定要在目錄前面加上斜線(/)。

```
$ cd /home/rinako/doc/private Enter
```

不管使用哪種路徑，目前工作目錄都一定會切換成 Ⓔ。

從 Ⓔ 回到 Ⓒ（個人目錄）

要回到個人目錄有四種方法。第一種是利用絕對路徑移動。

> cd /home/rinako Enter　← 從 Ⓔ 移動到 Ⓒ

第二個是使用 ..（兩個黑點）的方法。..（兩個黑點）是父目錄的省略符號。重複兩次一樣的操作就能回到 Ⓒ。

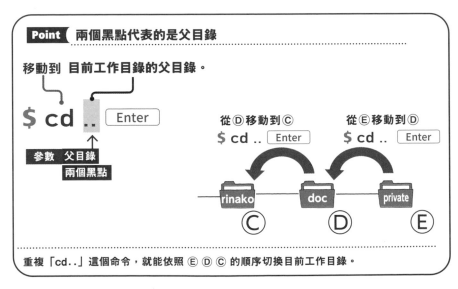

> $ cd .. Enter　← 先從 Ⓔ 移動到 Ⓓ。目前工作目錄變成 Ⓓ
>
> ▼
>
> $ cd .. Enter　← 接著從 Ⓓ 移動到 Ⓒ。就結果而言，從 Ⓔ 移動到 Ⓒ了

前述的兩段式操作可利用 ..（兩個黑點）與 /（斜線）組合成一段式操作。

```
$ cd ../.. Enter    ◀ 從 Ⓔ 移動到 Ⓒ
```

第三種方法是使用 ~（波浪號）。

```
$ cd ~ Enter    ◀ 從 Ⓔ 移動到 Ⓒ
```

波浪號是個人目錄的省略符號，所以使用者 rinako 的個人目錄「**/home/rinako**」，可置換成 ~ 這個符號。前一頁從 Ⓔ 移動至 Ⓒ 的絕對路徑可利用波浪號改寫成下列的路徑。

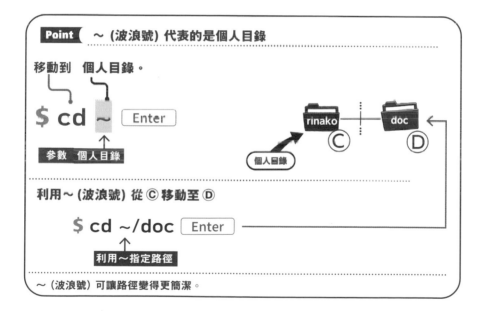

下面兩個命令的結果是相同的。

```
$ cd /home/rinako/doc/private Enter
```

```
$ cd ~/doc/private Enter
```

第四個方法是不在 **cd** 命令指定參數的方法。此時會自動移動至個人目錄。

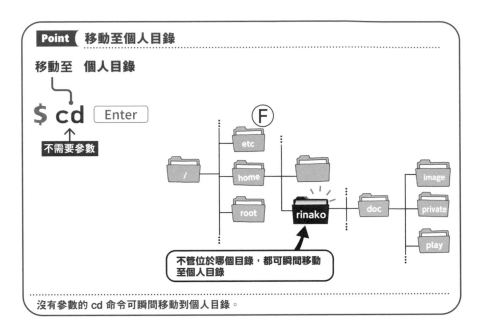

不管目前工作目錄在哪裡，都可使用沒有參數的 **cd** 命令這招。假設目前工作目錄是 Ⓕ，要回到個人目錄可使用下列任何一種方法。

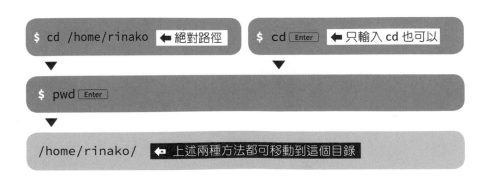

在介紹省略符號之後,再為大家介紹幾種從 Ⓔ 這個目前工作目錄移動
至 Ⓖ 的方法。

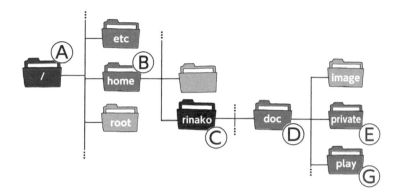

傳統的方法是使用 **..** (兩個黑點)符號代替父目錄的方法。在試用下列
的命令時,請先利用「cd doc/private」移動到 Ⓔ 這個目錄。

```
$ cd ../play Enter
```

回到個人目錄再移動到目的地的分段式移動也很常見。

```
$ cd Enter
```

▼

```
$ cd doc/play Enter
```

當然,也可利用絕對路徑,沿著 ⒶⒷⒸⒹⒼ 的路徑移動。

```
$ cd /home/rinako/doc/play Enter
```

12 顯示檔案

要瀏覽目錄的內容，可使用 ls 命令。讓我們先從簡單的使用方法學起，接著再學習比較複雜的使用方法。

12-1 確認目前工作目錄的檔案

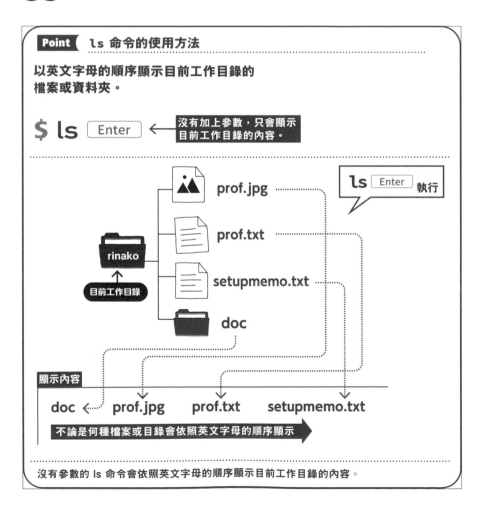

Point　ls 命令的使用方法

以英文字母的順序顯示目前工作目錄的
檔案或資料夾。

$ ls [Enter] ← 沒有加上參數，只會顯示目前工作目錄的內容。

prof.jpg

ls [Enter] 執行

prof.txt

rinako

setupmemo.txt

目前工作目錄

doc

顯示內容

doc ← prof.jpg prof.txt setupmemo.txt

不論是何種檔案或目錄會依照英文字母的順序顯示 →

沒有參數的 ls 命令會依照英文字母的順序顯示目前工作目錄的內容。

要顯示目錄的內容可使用 **ls** 命令。只要沒有特別指定，或沒有參數，就會依照英文字母的順序顯示目前工作目錄的內容。

本節假設目前工作目錄為「/home/rinako」。

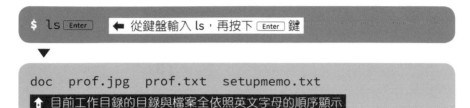

若要依英文字母的倒序顯示檔案名稱，可加上選項「-r」。

此時檔案名稱與目錄名稱會一併顯示，不會像 Windows 或 macOS 顯示圖示。

下列的範例原本要顯示的是所有的目錄，但如果不特別指定，就看不出哪個是檔案，哪個是目錄。

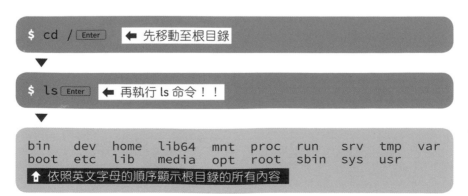

12-2 分辨檔案種類

若在執行 **ls** 命令的時候加上選項 **－F**，檔案與目錄就會分成兩組，我們也能一眼看出哪些是檔案，哪些是目錄（執行檔的部分請參考第 5 章的『26－3』。連結檔請參考第 7 章的『43』）。

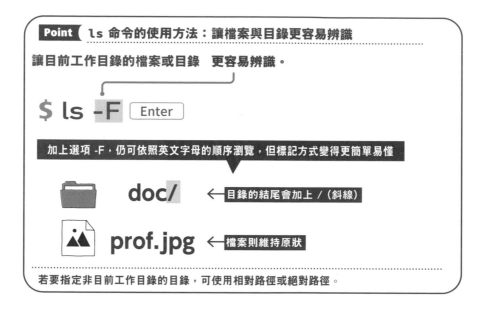

Point **ls 命令的使用方法：讓檔案與目錄更容易辨識**

讓目前工作目錄的檔案或目錄　更容易辨識。

$ ls -F Enter

加上選項 -F，仍可依照英文字母的順序瀏覽，但標記方式變得更簡單易懂

doc/ ← 目錄的結尾會加上 /（斜線）

prof.jpg ← 檔案則維持原狀

若要指定非目前工作目錄的目錄，可使用相對路徑或絕對路徑。

讓我們試著在執行 **ls** 命令的時候加上選項 **－F**，瀏覽根目錄的內容。

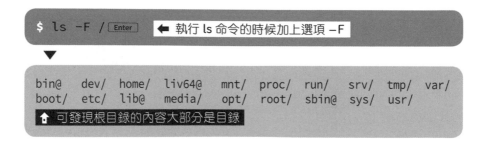

$ ls -F / Enter ← 執行 ls 命令的時候加上選項 －F

```
bin@    dev/    home/   liv64@   mnt/    proc/   run/    srv/    tmp/    var/
boot/   etc/    lib@    media/   opt/    root/   sbin@   sys/    usr/
```

⬆ 可發現根目錄的內容大部分是目錄

12-3 顯示目前工作目錄的進階資訊

若在執行 **ls** 命令的時候加上 **−l**，就能顯示檔案或目錄的進階資訊，其中包含更新日期這類資訊。檔案與目錄的資訊會以條列式的格式顯示。

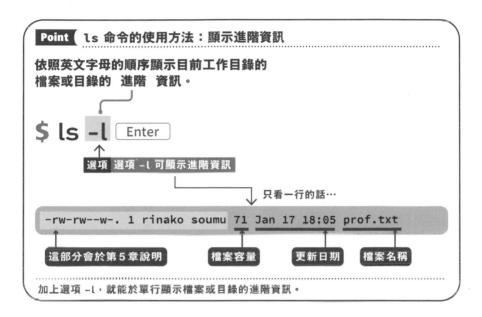

> **Point** **ls 命令的使用方法：顯示進階資訊**
>
> **依照英文字母的順序顯示目前工作目錄的**
> **檔案或目錄的 進階 資訊。**
>
> **$ ls -l** [Enter]
>
> 選項 選項 −l 可顯示進階資訊
>
> 只看一行的話…
>
> `-rw-rw--w-. 1 rinako soumu 71 Jan 17 18:05 prof.txt`
>
> 這部分會於第 5 章說明　檔案容量　更新日期　檔案名稱

加上選項 −l，就能於單行顯示檔案或目錄的進階資訊。

```
$ ls -l [Enter]
```

▼

```
total 16
drwxr-xr-x. 12 rinako soumu  168 Jan 17 18:05 doc
-rw-rw--w-.  1 rinako soumu 4148 Jan 17 18:05 prof.jpg
-rw-rw--w-.  1 rinako soumu   71 Jan 17 18:05 prof.txt
-rw-rw--w-.  1 rinako soumu  101 Jan 17 18:05 setupmemo.txt
```

⬆ 依照英文字母的順序以及條列式的格式顯示目前工作目錄的內容

12-4 確認特定目錄的內容

若將目錄指定為 **ls** 命令的參數，就能顯示該目錄的內容，而且也能用來顯示檔案。

將目錄指定為參數時，會顯示該目錄內的所有檔案。

```
$ ls doc/image Enter
```

▼

```
okinawa_day1.jpg  okinawa_day2.jpg  okinawa_day3.jpg
```
 顯示了所有檔案

若在此時加上選項 **−d**，就只會顯示目錄本身的資訊，不會顯示目錄的內容。

```
$ ls -d doc [Enter]   ← 加上選項 −d 再執行
▼
doc
```

或許大家會覺得，只知道目錄的名稱有什麼意義，但如果與選項 **−l** 一起使用，就能了解「特定目錄的進階資訊」。

```
$ ls -dl doc [Enter]   ← 加上選項 −d 再執行
▼
drwxr-xr-x. 12 rinako soumu 168 Jan 17 18:05 doc
```

 冷知識

檔案的種類

利用 Linux 的 ls 命令顯示的檔案（或目錄）有很多種類。

執行帶有選項 −l 的 ls 命令之後，左端有標記「d」的是目錄，標記「l」的是符號連結的檔案（參考第 7 章的『43』）。

檔案可大致分成資料檔與執行檔，而執行檔就像是程式與指令腳本，可完成某些作業。若在執行 ls 命令的時候加上選項 −F，就能從結尾的 *（星號）判斷檔案是否為執行檔。

此外，圖片檔或壓縮檔會以顏色標記，但這只是根據設定檔標記顏色而已，本質上還是資料檔。使用者可自行調整設定檔的內容，選擇自己喜歡的顏色。

12-5 依照修改時間的順序顯示

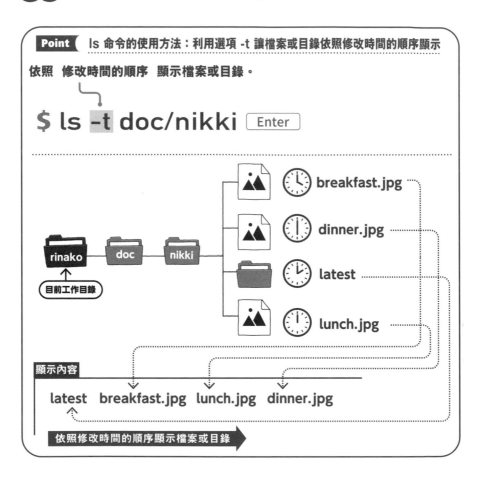

Point ls 命令的使用方法：利用選項 -t 讓檔案或目錄依照修改時間的順序顯示

依照　修改時間的順序　顯示檔案或目錄。

$ ls -t doc/nikki [Enter]

breakfast.jpg

dinner.jpg

latest

lunch.jpg

rinako doc nikki

目前工作目錄

顯示內容

latest　breakfast.jpg　lunch.jpg　dinner.jpg

依照修改時間的順序顯示檔案或目錄

除了修改時間之外，Linux 還有建立時間與存取時間這些項目（參考第 7 章的『39-4』）。

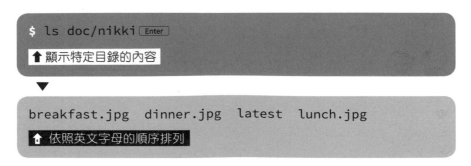

```
$ ls doc/nikki [Enter]
```
↑ 顯示特定目錄的內容

```
breakfast.jpg  dinner.jpg  latest  lunch.jpg
```
↑ 依照英文字母的順序排列

```
$ ls -t doc/nikki Enter
```
↑ 加上選項 –t 再執行命令

▼

```
latest  breakfast.jpg  lunch.jpg  dinner.jpg
```
↑ 依照修改時間的順序排列（目錄會排在前頭）

ls 命令的選項 **–l** 可取得檔案的修改時間，但是檔案太舊的時候，修改時間只會顯示西元的年份。這主要是因為 Linux 會以「半年為限，超過半年以上的檔案的修改時間就會改成西元的年份」。

但有時這種資訊不太精準，此時可加上 **--time–style** 的選項。

```
$ ls -l --time-style=+%c Enter
```

就能顯示時間。

12-6 顯示子目錄

若加上選項 **–R** 再執行，就能顯示特定目錄的檔案以及所有子目錄。

```
$ ls -R doc/tmp Enter
```

▼

```
doc/tmp:
0617.rb
0617.rb~
0620.rb
agosto
ar
banner.png
database
～省略～
```
↑ 雖然很快就顯示完畢，但其實顯示了目錄內的眾多檔案

遞歸

若加上選項 –R 再執行 ls 命令，可顯示「特定目錄底下的所有檔案或目錄」。在 Linux 的世界裡，這種顯示方法稱為「遞歸（recursive）。這種操作不只可用於顯示檔案或目錄，也能於複製、移動、刪除檔案或目錄的時候使用。

12-7 顯示隱藏檔案

Linux 的世界有許多 .ssh 或 .bashrc 這種以 **.**（點）為字首的檔案或目錄，這些都是**隱藏的**檔案與目錄，無法以一般的 ls 命令瀏覽。隱藏檔案通常是設定檔或收納設定檔的目錄，也可能是代表目前工作目錄的 **.**（黑點）與代表父目錄的 **..**（兩個黑點）。這類隱藏檔案統稱為**點檔案**。

```
$ ls Enter
```
⬆ 顯示目前工作目錄的內容

▼

```
doc  prof.jpg  prof.txt  setupmemo.txt
```
⬆ 有四個檔案

若加上選項 **–a** 再執行命令，就會顯示點檔案以及其他檔案。

```
$ ls -a Enter
```
↑ 加上選項 −a 再執行命令

```
..
.bash_history
.bash_logout
.bash_profile
.bashrc
doc
prof.jpg
prof.txt
setupmemo.txt
```
↑ 顯示點檔案了

12-8 連續輸入選項

要輸入多個選項時，除了可個別輸入，當然也可直接在同一個連字號後續輸入。

```
$ ls -l -F Enter
```
↑ 個別指定選項

```
$ ls -lF Enter
```
↑ 統一指定選項。此時沒有先後順序

```
total 16
drwxr-xr-x. 12 rinako soumu  168 Jan 17 18:05 doc/
-rw-rw--w-.  1 rinako soumu 4148 Jan 17 18:05 prof.jpg
-rw-rw--w-.  1 rinako soumu   71 Jan 17 18:05 prof.txt
-rw-rw--w-.  1 rinako soumu  101 Jan 17 18:05 setupmemo.txt
```
↑ 結果是相同的

13 了解檔案的機制

截至目前為止，我們說明了不少檔案操作的方法，接著要在這裡解說檔案的機制。

13-1 文字檔是給人類閱讀的，二進位檔是給 Linux 閱讀的

Linux 的檔案主要分成兩大類，分別是文字檔與二進位檔。

我們可利用 cat 或 less 命令（參考下一節的『14』）確認**文字檔**的內容，也可利用 vi 或 VIM 這類編輯器新增與編輯文字檔（參考第 4 章的『20』）。

電腦（Linux）能閱讀的是**二進位檔**。可利用之前介紹的 ls 命令瀏覽，通常會儲存於 Linux 的目錄。

若從使用者的角度分類 Linux 的檔案，可粗略分成下列三種。

檔案種類	說明
一般的檔案	指的是命令與設定檔這些資料，也包含文字檔與二進位檔。
目錄	用來管理一般檔案或特殊檔案的目錄。
特殊檔案（裝置檔案）	操作硬碟、鍵盤、印表機這類輸入輸出裝置與外部儲存裝置這類周邊裝置的檔案，因此 Linux 能以操作一般檔案的方式存取周邊裝置。

13-2 Linux 的標準是文字檔

Linux 最為人稱道的 **apache** 與其他伺服器的命令，都是以文字檔記載相關的設定。只要建立詳盡的設定檔，也就是文字檔，就能建立與 Linux 溝通的橋樑。

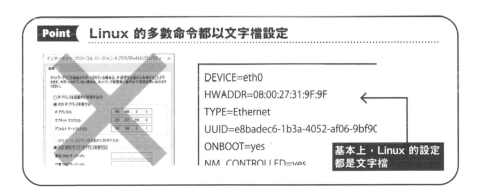

Point Linux 的多數命令都以文字檔設定

```
DEVICE=eth0
HWADDR=08:00:27:31:9F:9F
TYPE=Ethernet
UUID=e8badec6-1b3a-4052-af06-9bf9C
ONBOOT=yes
NM_CONTROLLED=yes
```

基本上，Linux 的設定都是文字檔

13-3 檔案名稱的基本規則

為了快速識別，檔案都有自己的名稱，而檔案名稱必須符合下列的命名規則。

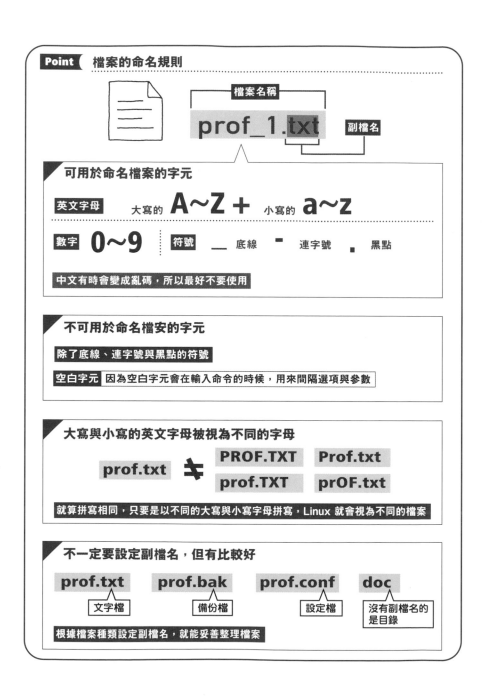

Point 檔案的命名規則

檔案名稱

prof_1.txt

副檔名

可用於命名檔案的字元

英文字母　大寫的 **A~Z** ＋ 小寫的 **a~z**

數字 **0~9**　符號 **＿** 底線　**-** 連字號　**.** 黑點

中文有時會變成亂碼，所以最好不要使用

不可用於命名檔安的字元

除了底線、連字號與黑點的符號

空白字元 因為空白字元會在輸入命令的時候，用來間隔選項與參數

大寫與小寫的英文字母被視為不同的字母

prof.txt ≠ **PROF.TXT** **Prof.txt**
prof.TXT **prOF.txt**

就算拼寫相同，只要是以不同的大寫與小寫字母拼寫，Linux 就會視為不同的檔案

不一定要設定副檔名，但有比較好

prof.txt **prof.bak** **prof.conf** **doc**

文字檔　備份檔　設定檔　沒有副檔名的是目錄

根據檔案種類設定副檔名，就能妥善整理檔案

有些發行版接受「日記.txt」這種以中文命名的檔案,但這類檔案名稱還是有可能因為作業環境或設定而無法正常顯示,所以建議不要使用中文命名檔案。

此外,Linux 沒有一定要加上**副檔名**的規定,但還是建議大家加上副檔名,日後才能記得這個檔案的性質。就算忘了這個檔案的用途,只要有副檔名,就能推測檔案的內容,不一定非得利用 **cat** 或 **less** 命令(參考下一節的『14』)開啟檔案。

13-4 檔案名稱的鐵律

檔案名稱有一個非常重要的鐵律,那就是

目錄內的檔案不能出現相同的檔案名稱

雖然「prof.txt」與「PROF.txt」這種利用大小寫英文字母區分的檔案可以出現在同一個目錄,但同一個目錄不能出現兩個「prof.txt」。

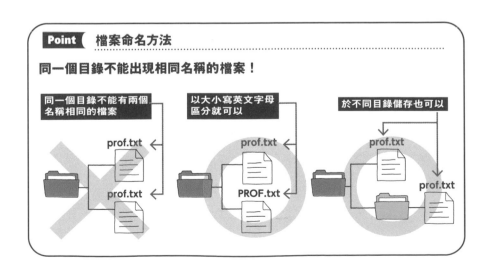

Point 檔案命名方法

同一個目錄不能出現相同名稱的檔案!

同一個目錄不能有兩個名稱相同的檔案

以大小寫英文字母區分就可以

於不同目錄儲存也可以

prof.txt
prof.txt

prof.txt
PROF.txt

prof.txt
prof.txt

14 瀏覽檔案的內容

瀏覽檔案內容就是使用者閱讀文字的意思。此時可使用 **cat** 與 **less** 這兩個檔案。

14-1 利用 cat 命令顯示檔案內容

讓我們一起來瀏覽檔案的內容。如果內容不長，可使用 **cat** 命令瀏覽。此外，這次的目前工作目錄與之前相同，都設定為「/home/rinako」。

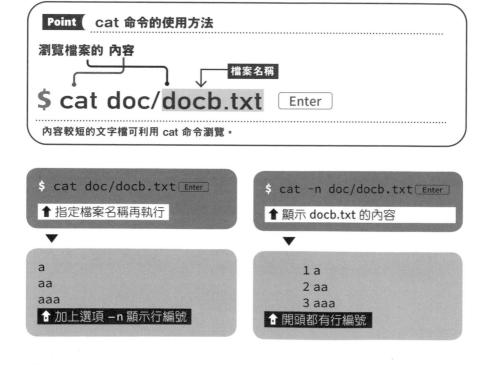

Point cat 命令的使用方法

瀏覽檔案的 內容

檔案名稱

$ cat doc/docb.txt Enter

內容較短的文字檔可利用 cat 命令瀏覽。

$ cat doc/docb.txt Enter
↑ 指定檔案名稱再執行

a
aa
aaa
↑ 加上選項 -n 顯示行編號

$ cat -n doc/docb.txt Enter
↑ 顯示 docb.txt 的內容

1 a
2 aa
3 aaa
↑ 開頭都有行編號

14-2 利用 less 命令顯示檔案的內容

若是內容較長的文字檔就改以 **less** 命令顯示。

Point **less 命令的使用方法**

瀏覽　檔案的內容。

檔案名稱

`$ less /etc/yum.conf` Enter

內容較長的文字檔可使用 less 命令瀏覽。

less 命令可切割文字檔的內容,讓每一個段落的內容可於螢幕完整顯示。讓我們一起學習這時候該如何以鍵盤操作這個命令。

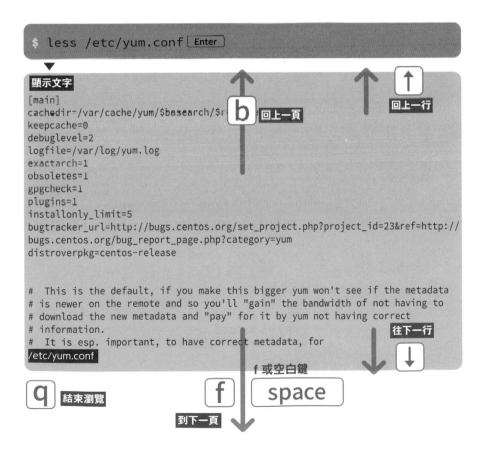

15 複製檔案或目錄

cp 命令可複製檔案，是最常使用的檔案操作命令。

15-1 在目前工作目錄複製

只要沒有特別說明，『15』這節的所有操作都是在目前工作目錄「/home/rinako/doc/test」進行。複製或刪除檔案之後，初始狀態就會改變，所以為了能隨時回到原本的狀態，而設定在這個目錄進行所有的作業。請先利用 cd 命令移動到這個目錄。

```
$ cd /home/rinako/doc/test [Enter]
```

還原為初始狀態的方法請參考『15-8』。

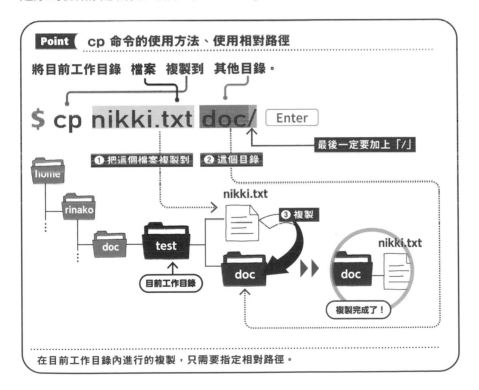

試著在目前工作目錄內執行 **cp** 命令。

```
$ cp nikki.txt doc/ Enter
```
⬆ 檔案「nikki.txt」與目錄「doc」都是相對路徑,所以不需要加上「/」,
唯獨最後的「/」是必需的。

```
$
```
⬆ 執行之後,不會顯示任何提示訊息,只會於下一行顯示命令提示字元。

什麼提示訊息都沒顯示,只跳出命令提示字元的話,代表複製已經完成。
Linux 不像 Windows、macOS,會顯示「正在複製」或「複製完成」
這類提示訊息,除非加上選項 –v,才能顯示複製結果(參考『15–5』)。

如果指定了不存在的檔案,就會顯示錯誤訊息。

```
$ cp nikka.txt doc/ Enter
```
◀ 不小心指定為 nikka.txt

```
cp: cannot stat `nikka.txt': No such file or directory
```
⬆ 顯示錯誤訊息了

15-2 使用絕對路徑複製

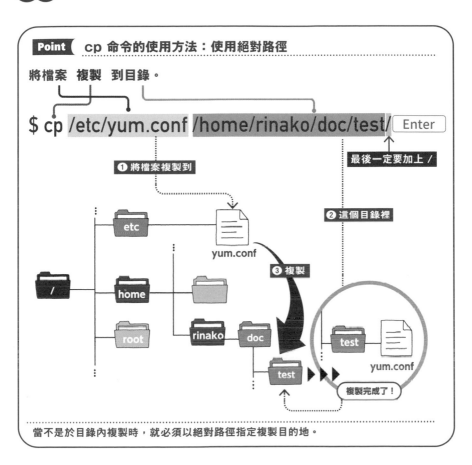

Point cp 命令的使用方法：使用絕對路徑

將檔案 複製 到目錄。

```
$ cp /etc/yum.conf /home/rinako/doc/test/ [Enter]
```

最後一定要加上 /

❶ 將檔案複製到

❷ 這個目錄裡

etc

yum.conf

❸ 複製

/

home

root

rinako

doc

test

test

yum.conf

複製完成了！

當不是於目錄內複製時，就必須以絕對路徑指定複製目的地。

接著要利用絕對路徑指定複製目的地。使用兩個參數以及複製成功也不會顯示任何訊息這部分，與使用相對路徑指定複製目的地的時候一樣。

```
$ cp /etc/yum.conf /home/rinako/doc/test/ [Enter]
```
↑ 將目錄 etc 裡的 yum.conf 檔案複製到 /home/rinako/doc/test

▼

```
$
```
↑ 執行後不會顯示任何訊息，只會跳出命令提示字元

若以～（波浪號）這個代表個人目錄的省略符號取代複製目的地的部分
路徑「/home/rinako」，路徑就會簡潔一點。

```
$ cp /etc/yum.conf ~/doc/test/ Enter
                    ↑ 利用波浪號代替個人目錄的路徑
```

為大家介紹一個新的省略符號。之前提過，父目錄可利用‥（兩個黑點）
代替（參考『11-3』）。同樣的，˙（一個黑點）可代替目前工作目錄的路
徑。現在就試著利用一個黑點指定複製目的地，請先移動到目前工作目
錄再執行複製。

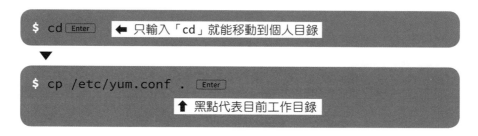

```
$ cd Enter    ← 只輸入「cd」就能移動到個人目錄
▼
$ cp /etc/yum.conf . Enter
                  ↑ 黑點代表目前工作目錄
```

由此可知，路徑可用相對路徑與絕對路徑指定，若搭配 **cd** 命令與省略
符號。

路徑的寫法可說是版本多多

建議大家多多嘗試，寫出最簡潔易懂的路徑。

15-3 將複製來源的檔案更名複製到目的地

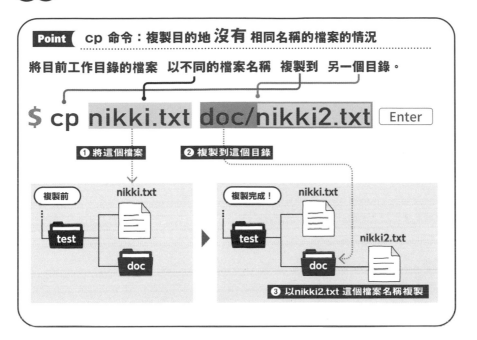

Point cp 命令：複製目的地 **沒有** 相同名稱的檔案的情況

將目前工作目錄的檔案　以不同的檔案名稱　複製到　另一個目錄。

$ cp nikki.txt doc/nikki2.txt [Enter]

❶ 將這個檔案　　❷ 複製到這個目錄

複製前　nikki.txt
test
doc

複製完成！　nikki.txt
test
doc　nikki2.txt

❸ 以nikki2.txt 這個檔案名稱複製

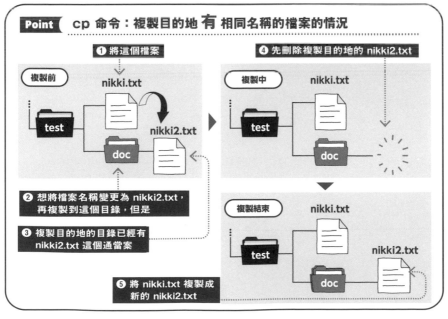

Point cp 命令：複製目的地 **有** 相同名稱的檔案的情況

❶ 將這個檔案　　❹ 先刪除複製目的地的 nikki2.txt

複製前　nikki.txt
test
doc　nikki2.txt

複製中　nikki.txt
test
doc

❷ 想將檔案名稱變更為 nikki2.txt，再複製到這個目錄，但是

❸ 複製目的地的目錄已經有 nikki2.txt 這個通當案

複製結束　nikki.txt
test
doc　nikki2.txt

❺ 將 nikki.txt 複製成新的 nikki2.txt

前兩個 **Point** 的目前工作目錄都是 /home/rinako/doc/test。

若想在複製檔案的時候，先變更檔案名稱再複製，可在複製目的地的目錄後面加上新的檔案名稱再執行 **cp** 命令。

雖然 **cp** 命令很沉默寡言，複製成功也不會説半句話，但在這部分的複製卻很狂野。將檔案複製到目錄時

就算已經有檔案名稱相同的檔案，也會直接覆寫

而且被覆寫的檔案無法還原。

為避免遺憾發生，請先利用 **ls** 命令瀏覽複製目的地的目錄，確認檔案名稱是否重複再複製。但有時候還是會不小心覆寫檔案對吧？所以建議大家採用下列的方法，防堵這類情事發生。

15-4 加上選項 -i，避免檔案被覆寫

這是避免檔案被覆寫的咒語。請加上選項 **-i** 再執行 **cp** 命令。

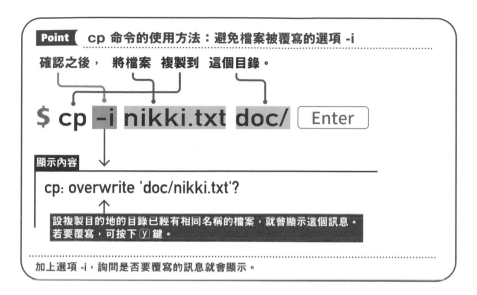

Point cp 命令的使用方法：避免檔案被覆寫的選項 -i

確認之後， 將檔案 複製到 這個目錄。

$ cp –i nikki.txt doc/ [Enter]

顯示內容

cp: overwrite 'doc/nikki.txt'?

設複製目的地的目錄已經有相同名稱的檔案，就會顯示這個訊息。
若要覆寫，可按下 y 鍵。

加上選項 -i，詢問是否要覆寫的訊息就會顯示。

只要加上選項 **–i** 就能避免不小心覆寫檔案的悲劇。請養成使用 **cp** 命令
或移動檔案的 **mv** 命令（參考下一節的『16』）時，一定加上選項 **–i** 的
習慣。

假設複製目的地沒有名稱相同的檔案，就只會一如往常地跳出不肯多說
半句話的命令提示字元。

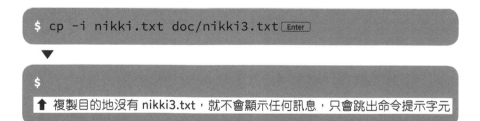

```
$ cp -i nikki.txt doc/nikki3.txt [Enter]
```

▼

```
$
```
↑ 複製目的地沒有 nikki3.txt，就不會顯示任何訊息，只會跳出命令提示字元

15-5 利用選項 -v 顯示結果

雖然 **cp** 命令不會提醒我們複製成功，但只要加上選項 **–v**，就能顯示複
製的結果。

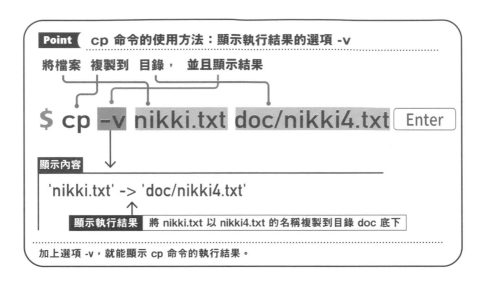

Point cp 命令的使用方法：顯示執行結果的選項 -v

將檔案 複製到 目錄， 並且顯示結果

```
$ cp -v nikki.txt doc/nikki4.txt  Enter
```

顯示內容

'nikki.txt' -> 'doc/nikki4.txt'

顯示執行結果 | 將 nikki.txt 以 nikki4.txt 的名稱複製到目錄 doc 底下

加上選項 -v，就能顯示 cp 命令的執行結果。

若搭配選項 **-i**，複製過程將更加安全。

```
$ cp -vi nikki.txt doc/nikki4.txt  Enter
```

使用 **alias** 命令設定 **cp** 命令，就能省略設定選項的步驟（參考第 6 章的『34』）。

15-6 複製目錄

想複製目錄裡的所有檔案或是整個目錄（遞歸複製）時，可使用選項 **-r**。假設複製目的地沒有要複製的目錄，複製完成後，會自動建立目錄。

這裡的目前工作目錄也是 /home/rinako/doc/test。若已經移動到其他目錄，請先執行下列命令，回到上述的目前工作目錄。

```
$ cd /home/rinako/doc/test [Enter]
```

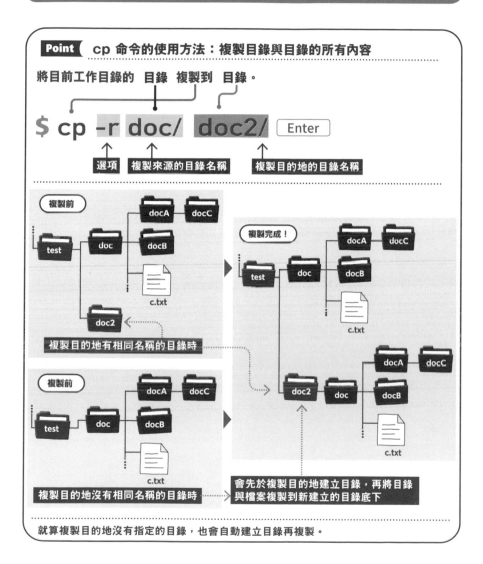

Point cp 命令的使用方法：複製目錄與目錄的所有內容

將目前工作目錄的 目錄 複製到 目錄。

$ cp -r doc/ doc2/ [Enter]

選項　複製來源的目錄名稱　複製目的地的目錄名稱

複製前

docA　docC
test　doc　docB
c.txt
doc2

複製目的地有相同名稱的目錄時

複製完成！

docA　docC
test　doc　docB
c.txt

doc2　doc
docA　docC
docB
c.txt

複製前

docA　docC
test　doc　docB
c.txt

複製目的地沒有相同名稱的目錄時

會先於複製目的地建立目錄，再將目錄與檔案複製到新建立的目錄底下

就算複製目的地沒有指定的目錄，也會自動建立目錄再複製。

15-7 複製多個檔案

複製來源的檔案不一定只有一個，所以想複製的檔案可以全寫在一起，只要記得將複製目的地寫在最後。

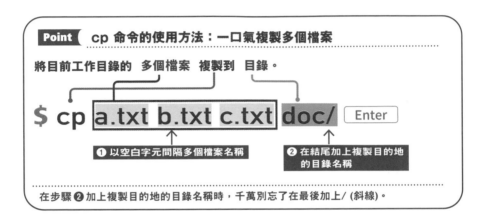

可同時複製檔案與目錄，但記得要加上選項 **-r**，也最好加上選項 **-i** 或 **-v**，才能避免檔案或目錄被覆寫，還能顯示複製結果。

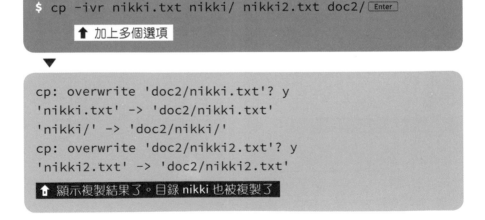

15-8 還原至初始狀態

經過上述的一輪操作之後，目錄與檔案已不再是初始的狀態，所以接下來要將目前工作目錄還原為 /home/rinako/，再將 /home/rinako/doc/test 的內容還原為初始狀態。

執行下列的步驟之後，/home/rinako/doc/test 的內容會被刪除。請參考下一節的『16』，將重要的檔案先移動其他位置再執行下列的步驟。

```
$ cd ~ Enter
```

▼

```
$ /home/rinako/doc/project/rstr.sh Enter
```

如此一來就能還原為初始狀態。第二行寫成下列的內容也沒問題。

```
$ ~/doc/project/rstr.sh Enter
```

只要是從一開始學到現在的讀者，一定知道第二行的命令是什麼意思。

① 注意

這裡執行了「rstr.sh」這個檔案。副檔名為「.sh」的檔案都是「Shell Script」。有關 Shell Script 以及 rstr.sh 的內容已超出本書的範圍，請恕筆者略過，不多作介紹。有興趣的讀者可參考其他書籍。

16 移動檔案

接著利用 mv 命令移動檔案。變更檔案名稱也可利用這個命令。

16-1 mv 命令的操作方式幾乎與 cp 命令相同

只要沒有特別註明，這個『16』的目前工作目錄與前一節一樣都是「/home/rinako/doc/test」。讓我們先移動到正確的目錄吧！

```
$ cd /home/rinako/doc/test Enter
```

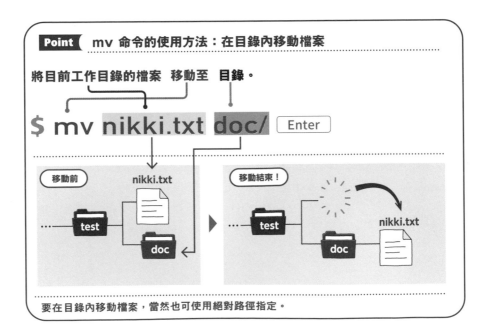

Point　**mv 命令的使用方法：在目錄內移動檔案**

將目前工作目錄的檔案　移動至　目錄。

$ mv nikki.txt doc/ [Enter]

移動前　nikki.txt

移動結束！　nikki.txt

test　doc

要在目錄內移動檔案，當然也可使用絕對路徑指定。

cp 命令與 mv 命令除了一個是複製檔案，一個是移動檔案，其他沒有什麼不同之處。

```
$ mv nikki.txt doc/ Enter
$ ls -F Enter
```
↑ 檔案移動之後，確認目前工作目錄的內容

▼

```
a.txt*  b.txt*  c.txt*  doc/  nikki/  nikki2.txt*
```
↑ nikki.txt 消失了

16-2 變更檔案名稱

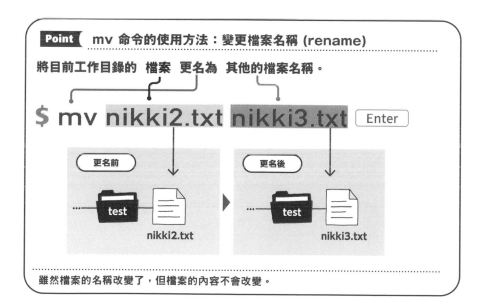

Point mv 命令的使用方法：變更檔案名稱 (rename)

將目前工作目錄的 檔案 更名為 其他的檔案名稱。

```
$ mv nikki2.txt nikki3.txt Enter
```

更名前　test　nikki2.txt ▶ 更名後　test　nikki3.txt

雖然檔案的名稱改變了，但檔案的內容不會改變。

mv 命令也很常用來變更檔案名稱。此時若搭配選項 −i 與 −v，就能避免覆寫檔案，還能顯示執行命令的結果。

此外，也可利用 mv 命令變更目錄的名稱。

17 建立與刪除目錄

利用 **mkdir** 命令建立目錄之後，可利用 **rmdir** 命令刪除目錄。

17-1 建立目錄

要建立目錄可使用 **mkdir** 命令。假設已有相同名稱的目錄存在，就會顯示錯誤訊息。

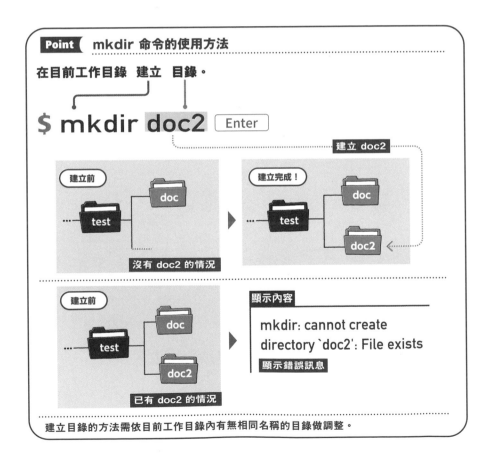

Point **mkdir 命令的使用方法**

在目前工作目錄　建立　目錄。

$ mkdir doc2　Enter

建立 doc2

建立前 / **建立完成！**
doc / test / doc2
沒有 doc2 的情況

建立前
doc / test / doc2
已有 doc2 的情況

顯示內容

mkdir: cannot create directory `doc2`: File exists

顯示錯誤訊息

建立目錄的方法需依目前工作目錄內有無相同名稱的目錄做調整。

當然，這裡的目前工作目錄也是 /home/rinako/doc/test。

```
$ mkdir doc2 Enter
```

▼

```
$
```
↑ 什麼都不會顯示

17-2 刪除目錄、檔案

要刪除目錄可使用 **rmdir** 命令。

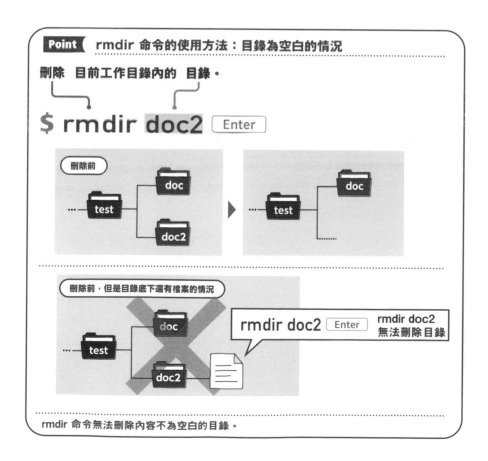

3

檔案與目錄的基本操作

```
$ rmdir doc2 Enter
```

▼

```
$
```

↑ 什麼都不會顯示

不過，若目錄底下還有檔案或其他內容，就無法只使用 **rmdir** 命令刪除。

此時必須在 **rm** 命令加上選項 **−r** 才能刪除還有檔案的目錄。

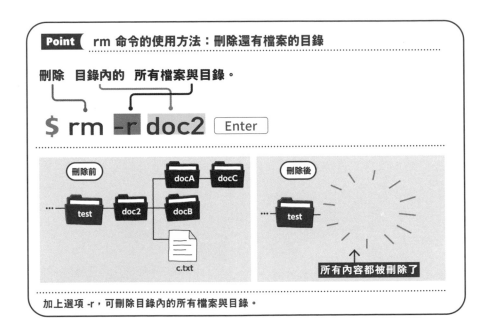

Point rm 命令的使用方法：刪除還有檔案的目錄

刪除　目錄內的　所有檔案與目錄。

```
$ rm -r doc2 Enter
```

刪除前 ··· test doc2 docA docC docB c.txt

刪除後 ··· test 所有內容都被刪除了

加上選項 -r，可刪除目錄內的所有檔案與目錄。

將檔案名稱指定為 **rm** 命令的參數，就能刪除該檔案。

```
$ rm nikki3.txt Enter
```

問題 **1**

Linux 將分類、整理檔案的箱子稱為什麼？

ⓐ 資料夾

ⓑ 活頁簿

ⓒ 檔案夾

ⓓ 目錄

問題 **2**

下列哪一個是移動至另一個目錄的命令？

ⓐ cd

ⓑ pwd

ⓒ chmod

ⓓ mv

問題 **3**

下列哪個是代表個人目錄的省略符號？

ⓐ ％

ⓑ ～

ⓒ ＄

ⓓ ！

問題 4

ls 命令的哪個選項可顯示檔案的大小或建立日期這類進階資訊？

ⓐ −F

ⓑ −l

ⓒ −a

ⓓ −r

問題 5

要分頁瀏覽大型文字檔的內容時，可使用下列哪個命令？

ⓐ cat

ⓑ less

ⓒ more

ⓓ pwd

問題 6

下列哪個命令可將檔案移動至其他位置？

ⓐ cat

ⓑ cp

ⓒ mv

ⓓ en

問題 7

若要以 cp 命令複製有多個檔案的目錄，該使用下列哪個選項？

ⓐ -r

ⓑ -i

ⓒ -o

ⓓ -v

問題 8

要一邊以 cp 命令複製檔案，一邊確認有無同名的檔案時，需要搭配下列哪個選項？

ⓐ -b

ⓑ -i

ⓒ -l

ⓓ -v

問題 9

下列哪個命令可新增目錄？

ⓐ cat

ⓑ mkdir

ⓒ rmdir

ⓓ chdir

問題 10

目前所在位置的目錄稱為下列哪個名稱？

ⓐ 真實目錄

ⓑ 工作目錄

ⓒ 命令目錄

ⓓ 目前工作目錄

解 答

問題 1 解答

正確解答是 ⓓ 的目錄。

目錄與 Windows 所説的資料夾一樣，都是用來將相關的檔案收在相同地點的箱子。Linux 也有一些固定名稱的目錄，例如供使用者使用的 usr，存放二進位執行檔的 bin，或是暫時存放檔案的 tmp。

問題 2 解答

正確解答是 ⓐ 的 cd 命令。

cd 命令是 Change Directory 的縮寫，意思是變更目錄。Linux 的命令都是這類英文的縮寫，只要了解原本的意思，就不難記住命令了。

問題 3 解答

正確解答是 ⓑ 的～字元。

在中文，這個符號被稱為波浪號。若在執行 cd 命令時加上這個選項，就會回到個人目錄。Linux 有許多像這種有特殊意義的符號，只要先記起來，就能快速靈活地執行各種命令。

問題 **4** 解答

正確解答是 ⓑ 的選項 –l。

選項 **–F** 可顯示檔案種類的符號，**–a** 則是連同開頭為·（黑點）的隱藏檔案都會顯示的選項。**–r** 是以倒序的方式排列檔案名稱。若能熟悉這些選項的使用方法，就能快速使用方便的功能。

問題 **5** 解答

正確解答是 ⓑ 的 less 命令。

使用空白鍵或方向鍵也能讓大型文字檔的內容往上或往下移動。基本上，要顯示文字檔的內容會使用 cat 命令，但如果檔案太大，畫面有可能快速捲動，所以這時候要使用能自行上下捲動畫面的 less 命令。能分頁顯示文字檔內容的 more 命令也很好用。

問題 **6** 解答

正確解答是 ⓒ 的 mv 命令。

希望複製來源的位置保有原本的檔案可使用 cp 命令，想要移動檔案或是變更檔案名稱可使用 mv 命令。

問題 **7** 解答

正確解答是 ⓐ 的選項 **–r**。

一口氣複製目錄或底下的所有子目錄與檔案。

問題 **8** 解答

正確解答是 ⓑ 的選項 **–i**。

在複製目的地有相同名稱的檔案時,確認是否要覆寫的選項,以免不小心覆寫重要的檔案。有些管理者會設定 alias(別名),強制在執行 cp 或 mv 命令時,加上選項 –i 的設定。

問題 **9** 解答

正確解答是 ⓑ 的 mkdir 命令。

利用目錄整理檔案,可快速有效地分類檔案。

問題 **10** 解答

正確解答是 ⓓ 的目前工作目錄。

於命令列輸入命令,進行相關作業時,必須隨時知道自己位於 Linux 檔案系統的樹狀圖何處。若要知道自己的所在位置可使用 pwd 命令。

第**4**章 第一次使用編輯器
就上手

18 Windows 的 Word 就是 Linux 的 vi

若問到 Linux 的文字編輯器是什麼，就不能不提到 vi。這一章要為大家介紹 vi 的操作方法。

Linux 的編輯器就相當於 Windows 的文書作業軟體，可用來撰寫程式，編輯環境設定檔，是不可或缺的工具。❶

❷ Windows 的文書作業軟體首推 Word，在 Windows 的 GUI 環境下，可利用滑鼠編寫文章。

比爾蓋茲

比爾喬伊還在柏克萊大學念書時，就寫出這個 vi 編輯器，而 VIM 是 vi 的進階版本，目前有許多 Linux 的發行版都內建了這套編輯器。

比爾喬伊　❸

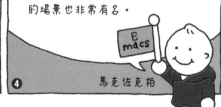

❹ 在 Linux 的世界裡，與 vi 或 VIM 同樣受歡迎的編輯器是 Emacs。Facebook 創辦人馬克佐克柏在其自傳電影《社群網戰》使用 Emacs 的場景也非常有名。

馬克佐克柏

18-1 Linux 的編輯器

編輯文字檔的**編輯器**（文字編輯器）通常內建於 OS，例如 Windows 的內建編輯器是「記事本」，如果想要功能更齊全的編輯器，則可使用 Word。

Linux 的內建編輯器是 **VIM**，主要是從三十年前於 UNIX 用到現在的 **vi** 編輯改良而來，繼承了 vi 編輯器的強力編輯功能，但另一個特徵則是繼承了 vi 的操作方式。

18-2 不習慣是地獄，習慣了是天堂

VIM 與 **vi** 不像能直覺操作的 Word，擁有特殊的操作方法，所以在習慣之前，會覺得這兩種編輯器很難使用，光是要插入一個文字就困難重重，一不小心還得從頭撰寫檔案。

反之，一旦習慣操作方法，就會覺得這兩款編輯器非常好用，這也是為什麼 vi 編輯器能存活三十年的原因。如果實在無法適應 VIM 或 vi，可改用 **nano** 或 **Emacs**，順帶一提，nano 是 Ubuntu 的內建編輯器。

18-3 vi 是 Linux 的內建編輯器

vi 編輯器廣為非 Linux 的 UNIX 作業系統使用，所以只要學會 vi 編輯器的使用方法，總有一天會派上用場。舉例來說，有許多伺服器未內建 nano 編輯器，所以學會 nano 編輯器的操作方式，還是會遇到無法使用 nano 編輯器的情況。

反之，vi 編輯器就沒這問題，所以學會使用方法一定是有益無害。

19 學習 vi 編輯器的操作方式

vi 編輯器有兩種模式，可利用 [i] 鍵與 [Esc] 鍵切換。

19-1 啟動 vi 編輯器

讓我們試著啟動 vi **編輯器**，啟動 VIM **編輯器**也可以。

若打算新增檔案，只需要輸入命令再按下 [Enter] 鍵。此時會顯示下列的畫面。

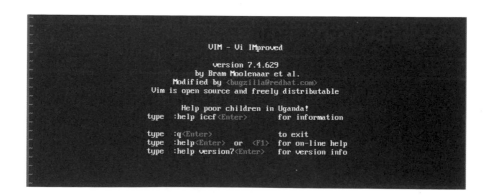

不過，就算此時要輸入文字，也無法順利輸入，因為啟動 vi 編輯器之後，會先進入**命令模式**。要輸入文字必須先切換成**插入模式**。

在此讓我們先學習從命令模式切換成**插入模式**，以及從插入模式切換至命令模式的按鍵吧！

● 從命令模式切換成插入模式：按下 ⓘ 鍵。

● 從插入樑式切換至命令模式：按下 「Esc」鍵。

vi 編輯器啟動後，按下 ⓘ 鍵切換成插入模式，再按下其他鍵，就會顯示下列的畫面。

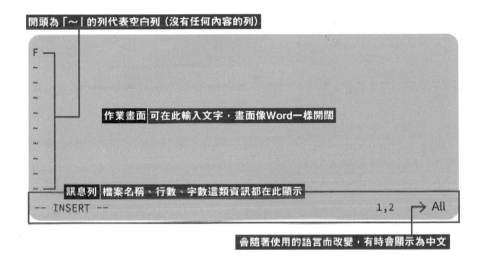

此外，CentOS 雖然可選擇中文介面，但本書以英文環境（在選擇語言時，選擇英文）為主，這是因為語言的選擇與要介紹的命令無關，英文與中文的切換有可能造成不必要的問題。

19-2 輸入文字

啟動 vi 編輯器之後，按下 ⓘ 切換成插入模式，此時即可隨意輸入文字。

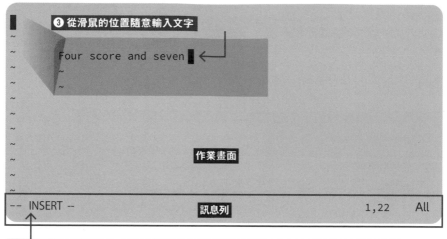

❶ 先按下鍵盤的 ⓘ 鍵

❸ 從滑鼠的位置隨意輸入文字

Four score and seven

作業畫面

-- INSERT --　　　　　　　　訊息列　　　　　　　　1,22　　All

❷ 訊息列的左側會顯示「INSERT」(有可能會顯示「插入」)，代表此時可輸入文字

19-3 編輯文字

具體的編輯方法會在下一節的『20』説明。在插入模式按下 Esc 鍵即可切換至命令模式。此時雖然不能輸入文字，卻可執行複製、貼上、搜尋文字這類功能。

19-4 移動滑鼠游標

讓我們試著輸入較長的文章吧（Abraham Lincoln. "Gettysburg Address"（1863））。不管是命令模式還是插入模式，都能利用 ⬆、⬇、⬅、➡ 這四個方向鍵移動滑鼠游標。

此外，這篇文章已儲存為 /home/rinako/doc/chap4/lincoln.txt。

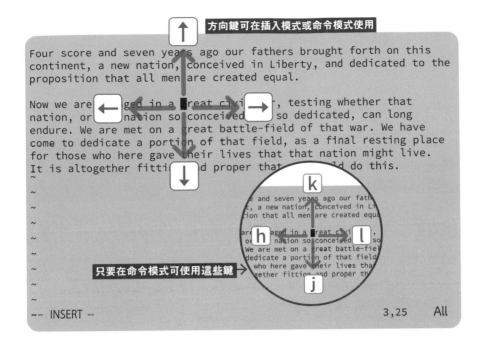

此外，切換成命令模式之後，可利用下列的鍵取代 ⬆ 、 ⬇ 、 ⬅ 、 ➡ 這四個方向鍵，很適合從靜止位置移動滑鼠游標。

按鍵	功能
h	滑鼠游標往左移動。與 ⬅ 的功能相同
j	滑鼠游標往下移動。與 ⬇ 的功能相同
k	滑鼠游標往上移動。與 ⬆ 的功能相同
l	滑鼠游標往右移動。與 ➡ 的功能相同

19-5 儲存檔案

要在 **vi** 編輯器儲存檔案，可在命令模式輸入 : w Space 鍵。按下 : 鍵之後，滑鼠游標會移動至訊息列。此時按下 w 與 Space 鍵，指定檔案的儲存位置與名稱再按下 Enter 即可。

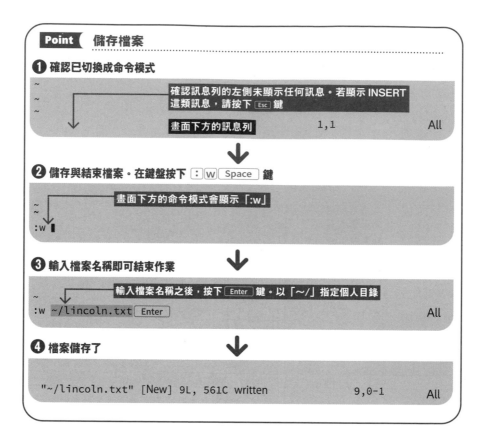

19-6 結束 vi 編輯器

要結束 vi 編輯器可在命令模式下輸入 ⬚:⬚q 。按下 ⬚: 鍵之後，滑鼠游標會移動到訊息列，接下輸入 ⬚q 鍵與按下 ⬚Enter 鍵。

如果利用 vi 編輯修改、輸入與刪除文字，之後就必須先儲存檔案，否則無法利用 ⬚: 、⬚q 、⬚Enter 鍵結束編輯。假設不需要儲存，或是想要放棄到目前為止的編輯結果，可在輸入 ⬚: 、⬚q 鍵之後，輸入 ⬚! 鍵，就能放棄編輯結果與結束 vi 編輯器。

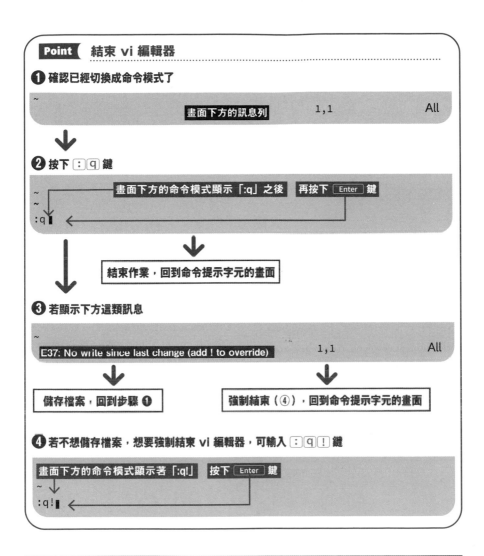

Point 結束 vi 編輯器

❶ 確認已經切換成命令模式了

~

畫面下方的訊息列　　　　　1,1　　　　　All

❷ 按下 : q 鍵

~
畫面下方的命令模式顯示「:q」之後　再按下 Enter 鍵
~
:q

結束作業，回到命令提示字元的畫面

❸ 若顯示下方這類訊息

~

E37: No write since last change (add ! to override)　　　1,1　　　　All

儲存檔案，回到步驟 ❶　　　　強制結束（④），回到命令提示字元的畫面

❹ 若不想儲存檔案，想要強制結束 vi 編輯器，可輸入 : q ! 鍵

畫面下方的命令模式顯示著「:q!」　按下 Enter 鍵
~
:q!

按鍵	功能
q	結束
q !	放棄編輯內容再結束，不會儲存到目前為止的編輯內容。

20 試著利用 vi 編輯器編輯

第 4 章　第一次使用編輯器就上手

接著讓我們學習命令模式的操作，更有效率地編輯文字。這次要介紹的是刪除、複製這類基本編輯功能。

20-1 開啟檔案

讓我們在 vi 編輯器開啟既有的檔案，編輯檔案的內容。**vi** 命令的後面可接上絕對路徑或相對路徑與指定要編輯的檔案，這次要編輯的是在『19-5』於個人目錄儲存的「lincoln.txt」。

```
$ vi ~/lincoln.txt Enter
   ↑ 於個人目錄儲存的 lincoln.txt
```

下列是在命令模式進行的作業。

> **！ 注意**
>
> **不知道現在的模式為何時，先按下 Esc 鍵**
> 無法判斷現在是插入模式還是命令模式是常有的現象，此時可先按下 Esc 鍵。

> **！ 注意**
>
> **鍵盤的大寫與小寫英文字母**
> 要請大家注意的是，在命令模式下，大寫與小寫英文字母是不同的字母。雖然從鍵盤輸入 A 鍵會輸入小寫的「a」，但如果按住 Shift 鍵再按下 A 鍵，就會輸入大寫的「A」。如果先按下 Caps Lock 鍵，輸入的就都是大寫的英文字母。

20-2 刪除文字、列

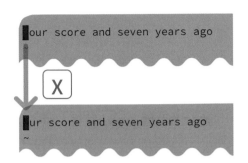

要刪除滑鼠游標所在位置的文字可輸入 ⓧ 鍵，若想刪除滑鼠游標左側的文字可輸入 Ⓧ 鍵。在 [Del] 鍵與 [Back space] 鍵無法正常運作的機器操作時，利用 ⓧ 鍵或 Ⓧ 鍵刪除文字是非常重要的操作。

此外，若是連按兩次 ⓓ、ⓓ，就能刪除滑鼠游標所在位置的列（不是只到畫面右端，而是刪除到換行的位置）。

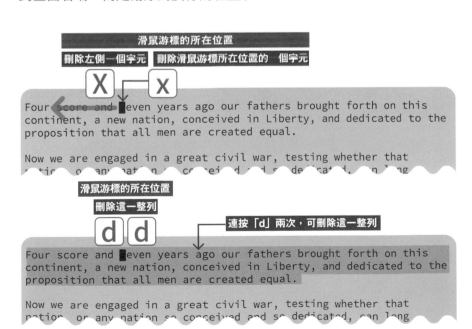

按鍵操作	說明	註記
x	刪除滑鼠游標所在位置的一個字元	與 Del 鍵的功能相同
X	刪除滑鼠游標左側的一個字元	與 Back space 鍵的功能相同
d d	刪除滑鼠游標所在位置的整列	

20-3 複製 & 貼上文字、列

要複製整列文字可先將滑鼠游標移動該列，再連按兩次「y」。

複製完成後，若想貼上文字可按下「p」（小寫）鍵，此時會在滑鼠游標的下一列貼入剛剛複製的整列文字。

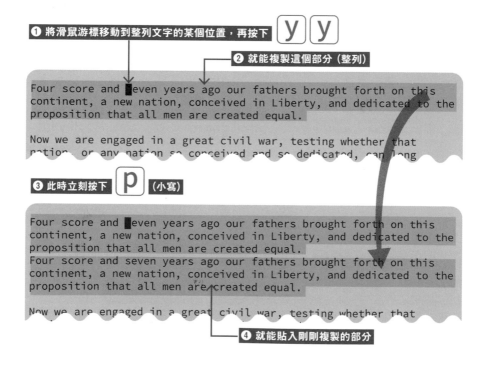

❶ 將滑鼠游標移動到整列文字的某個位置，再按下 y y

❷ 就能複製這個部分（整列）

Four score and seven years ago our fathers brought forth on this continent, a new nation, conceived in Liberty, and dedicated to the proposition that all men are created equal.

Now we are engaged in a great civil war, testing whether that nation, or any nation so conceived and so dedicated, can long

❸ 此時立刻按下 p （小寫）

Four score and seven years ago our fathers brought forth on this continent, a new nation, conceived in Liberty, and dedicated to the proposition that all men are created equal.
Four score and seven years ago our fathers brought forth on this continent, a new nation, conceived in Liberty, and dedicated to the proposition that all men are created equal.

Now we are engaged in a great civil war, testing whether that

❹ 就能貼入剛剛複製的部分

按鍵操作	說明
ⓨ ⓨ	複製滑鼠游標所在位置的整列文字
ⓟ	在滑鼠游標的下一列貼入文字

也能只複製一個字元。想要複製一個字元時，可先將滑鼠游標移動該字元，再按下 ⓨ、Ⓛ，接著將滑鼠游標移動到要貼入文字的位置，再按下 ⓟ 鍵。此時是以插入的方式貼入，所以文字會於滑鼠游標的右側貼入。

如果想要複製多個字元，可先將滑鼠游標移動到字串的開順，再按下 ⓝ、ⓨ、Ⓛ 鍵。比方說，想複製 4 個字元，可按下 ④、ⓨ、Ⓛ 鍵。接著將滑鼠游標移動到要貼入字串的位置，再按下 ⓟ 鍵。舉例來説

```
What's new?    ← 將滑鼠游標移動到 ⓝ 的位置，再按下 ④、ⓨ、Ⓛ 鍵
o
```

將滑鼠游標移動到「new?」的 ⓝ 再按下 ④、ⓨ、Ⓛ 鍵，接著將滑鼠游標移動到下一列的「o」再按下 ⓟ 鍵，就會得到下列的結果。

```
What's new?
onew?    ← 將滑鼠游標移動到「o」再按下 ⓟ 鍵
```

如果想要執行剪下 & 貼上，可使用刪除操作的 Ⓧ 鍵以及 ⓟ 鍵。舉例來説

```
up
What's ?
```

將滑鼠游標移動到「up」的「u」再按下 ②、Ⓧ 鍵，接著將滑鼠游標移動到「?」前面的空白字元再按下 ⓟ 鍵，就能得到下列的結果。

```
What's up?
```

按鍵操作	說明
ⓨ、ⓛ	複製 1 個字元
ⓝ、ⓨ、ⓛ	複製 n 個字元
ⓧ	剪下 1 個字元
ⓝ、ⓧ	剪下 n 個字元
ⓟ	在滑鼠游標的右側插入文字

20-4 重複操作功能

複製與貼上的操作只要在開頭加上數字，就能指定重複執行的次數。此時開頭的數字就是重複執行的次數。

按鍵操作範例	說明
③ⓧ	從滑鼠游標的位置開始刪除 3 個字元
⑤ⓓⓓ	從滑鼠游標所在位置的列開始刪除 5 列
⑤ⓨⓛ	從滑鼠游標的位置開始複製 5 個字元
⑤ⓨⓨ	從滑鼠游標所在位置的列開始複製 5 列
⑦ⓟ	重複貼上 7 次複製的字元或列

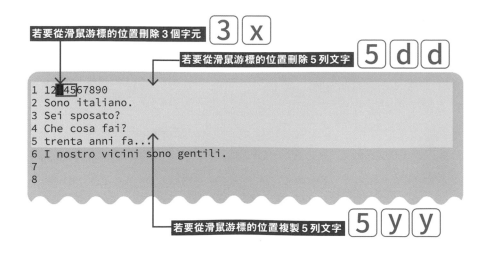

20-5 刪除字串

如果是 Word，只需要利用滑鼠游標反白選取要刪除的字串，再按下
[Del] 鍵即可，但是 vi 編輯器沒有這種功能，只能使用『20-4』介紹的
重複操作功能。

20-6 取消操作

若要取消前一項操作（undo）可按下 [u] 鍵，若要重做（redo）前一項
取消的操作可按下 [.] 鍵。

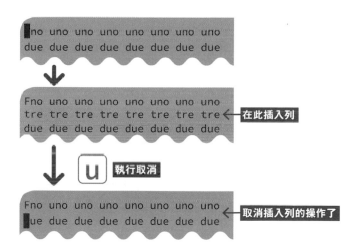

命令	說明
[u]	取消前一項的操作（undo）
[.]	重做前一項的取消（redo）

20-7 搜尋

接著試著搜尋字串。在命令模式按下 [/] 鍵，就能在訊息列輸入要搜尋的
字串。

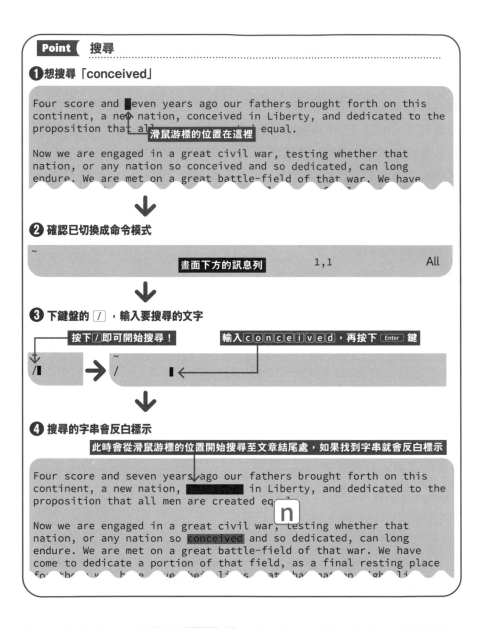

Point 搜尋

❶想搜尋「conceived」

Four score and ▌even years ago our fathers brought forth on this
continent, a new nation, conceived in Liberty, and dedicated to the
proposition that all ╴滑鼠游標的位置在這裡 ╴ equal.

Now we are engaged in a great civil war, testing whether that
nation, or any nation so conceived and so dedicated, can long
endure. We are met on a great battle-field of that war. We have

❷確認已切換成命令模式

~
畫面下方的訊息列   1,1   All

❸下鍵盤的 / ，輸入要搜尋的文字

按下/即可開始搜尋！   輸入 c o n c e i v e d ，再按下 Enter 鍵

~
/▌   →   ~
/   ▌◀

❹搜尋的字串會反白標示

此時會從滑鼠游標的位置開始搜尋至文章結尾處，如果找到字串就會反白標示

Four score and seven years ago our fathers brought forth on this
continent, a new nation, ████████ in Liberty, and dedicated to the
proposition that all men are created equal.

Now we are engaged in a great civil war, testing whether that
nation, or any nation so conceived and so dedicated, can long
endure. We are met on a great battle-field of that war. We have
come to dedicate a portion of that field, as a final resting place

輸入要搜尋的字串再按下 Enter 鍵，就會從滑鼠游標的位置開始搜尋，
一找到對應的字串，滑鼠游標就會跳至該字串的位置。按下 n 鍵可讓滑
鼠游標跳至下一個對應的字串。

大寫與小寫字母的命令名稱有不同的功能

按下 [Shift]+[n]，可從滑鼠游標的位置反向搜尋（往檔案的開頭搜尋）。

[?] 也能用來搜尋字串。若以 [?] 取代 [/]，可從滑鼠游標的位置往前搜尋。
此時可利用 [n] 鍵將滑鼠游標移動到下一個對應的字串，此時若按下
[Shift]+[n] 鍵可反向搜尋（往檔案的結尾處）。要注意的是，這與一般的
搜尋方向相反。

20-8 利用鍵盤隨心所欲地操作畫面

vi 編輯器可利用鍵盤完成所有的操作。

按鍵功能	說明
[H]	移動至畫面最上方
[M]	移動至畫面正中央
[L]	移動至畫面最下方

命令	說明
:set number [Enter]	顯示列編號
:set nonumber [Enter]	不顯示列編號

vimtutor

若想熟悉 VIM 編輯器的基本操作，vimttutor 可說是最佳的教練。只要
依照畫面指示操作，就能學會 VIM 編輯器與 vi 編輯器的基本操作。

先輸入 vimtutor 這個命令再按下 [Enter] 鍵即可啟用這項功能。

21 使用其他的編輯器

如果覺得 vi 編輯器實在不好用，不妨改用 nano 或 Emacs
編輯器。

21-1 在 Ubuntu 的環境下使用內建的 nano

如果覺得輸入模式與命令模式的切換很麻煩，不如改用 nano 編輯器。

雖然 nano 編輯器的檔案相關操作與搜尋功能必須搭配 Ctrl 鍵或 Alt 鍵
才能使用，但畫面下方隨時都會顯示相關的操作方法，所以不會忘記這
些功能該如何執行。

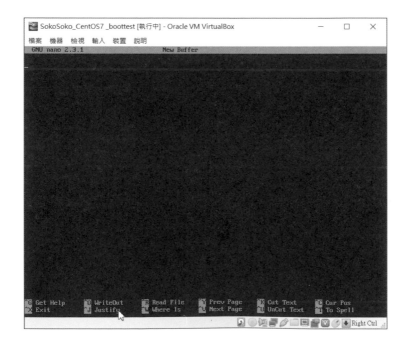

🄡🄞🄑 使用 Emacs

接著介紹另一個很受歡迎的編輯器,那就是在 UNIX 世界與 vi 編輯器分庭抗禮的 Emacs。

Emacs 可利用 Emacs Lisp 這種超強的程式設計語言瀏覽網頁與電子郵件,打造超越編輯器框架的作業環境。

💡 冷知識

在 CentOS 安裝 nano 或 Emacs

有些 CentOS 的發行版未內建 nano 或 Emacs,此時必須利用 yum 命令另行安裝(參考第 8 章的『46』)。

問題 1

要在 vi 編輯器的命令模式輸入文字時，必須先按下哪個鍵？

ⓐ c

ⓑ i

ⓒ d

ⓓ q

問題 2

在 vi 編輯器的命令模式底下，要讓滑鼠游標往上一列移動，必須按下哪個鍵？

ⓐ h

ⓑ j

ⓒ k

ⓓ l

問題 3

要在 vi 編輯器的命令模式底下複製與貼上整列文字時，必須使用下列哪一串命令？

ⓐ aa → b

ⓑ cc → p

ⓒ yy → p

ⓓ zz → p

問題 **4**

要在 vi 編輯器的命令模式底下搜尋關鍵字，必須使用下列哪個命令？

ⓐ ⑦ 關鍵字

ⓑ ! 關鍵字

ⓒ : 關鍵字

ⓓ ％ 關鍵字

問題 **1** 解答

正確解答是 ⓑ的 i 鍵。

若要從滑鼠游標的位置輸入文字，要先按下 i（INSERT）。若要從行尾輸入可按下 ⓐ 鍵（APPE ND），建議大家順便記住這個操作喔。

問題 **2** 解答

正確解答是 ⓒ 的 k 鍵。

盡可能利用鍵盤完成所有操作是 vi 編輯器的操作邏輯，只要將右手放在 h、j、k、l 鍵上，就能代替方向鍵，移動滑鼠游標的位置。

問題 **3** 解答

正確解答是 Ⓒ 的 ⓨ ⓨ ➡ ⓟ 。

連按兩次 ⓨ 鍵複製整列文字後，按下 ⓟ 鍵可貼上文字。如果想剪下文字，可連按兩次 ⓓ 鍵刪除整列文字。換言之，ⓓⓓ ➡ ⓟ 鍵可完成剪下與貼上的操作。

問題 **4** 解答

正確解答是 ⓐ 的 ⫽（斜線）與關鍵字。

按下 Esc 鍵切換成命令模式，再按下 ⫽ 鍵讓滑鼠游標移動到最下方的列，接著輸入關鍵字。找到對應的字串後，滑鼠游標便會移動至該字串的位置。

第5章 使用者扮演的角色與群組的基本常識

22 使用者分成三種

Linux 是以多位使用者共用一台電腦為開發前提,而使用者分成一般使用者、管理員使用者與系統使用者。

22-1 「使用者之中的使用者」就是管理員使用者

擁有管理系統權限的使用者就是**管理員使用者**或稱為**超級使用者**,有時候也只稱為**根**(root)。這種管理員使用者具有管理系統的特殊權限。具體來說,可安裝與設定 Linux,也能安裝必要的軟體或是監控系統。

若以公司比喻，管理員使用者相當於社長或董事，是負責經營的特殊角色。

22-2 「機器人」是系統使用者

能代替一般使用者與管理員使用者完成工作的是**系統使用者**。這種使用者就像是工廠裡的機器人，能二十四小時不停工作。

具體來說，系統使用者的工作如下。

工作	說明
電子郵件	將電子郵件寄給使用者。
網頁伺服器	確認網頁伺服器是否正常運作

22-3 「普通的使用者」就是一般使用者

一般使用者就是最普通的 Linux 使用者，若以公司比喻，就是一般的員工，沒有任何管理系統的權限。由於管理員使用者已擔起管理 Linux 的一切事務，所以一般使用者就算沒有什麼特別的知識，也能固守自己的崗位。

5

使用者扮演的角色與群組的基本常識

管理員的工作

一如社長掌控公司的船舵，Linux 是由管理員使用者管理
電腦。

23-1 看似平凡卻不可或缺。管理員使用者的工作

Linux 的伺服器或電子郵件之所以能一如往常地運行，全拜系統的管理
員之賜。使用者之所以不會因為設定被無端變動而感到困擾，全因管理
員使用者扛起管理 Linux 的責任。

23-2 以使用者名稱 root 管理系統

Linux 的系統理員也就是管理員使用者在工作時，有一些必須遵守的約定，那就是

● 系統管理員（root）的使用者名稱一定是 root

● 一台 Linux 機器只有一個 root

● root 的個人目錄為 /root，一般使用者的個人目錄則位於 /home

root 這個名稱源自 Linux 的檔案系統以根目錄為起點。

23-3 系統管理員不一定非得隨時都使用 root 這個名稱

要擔任管理員使用者需要極大的耐心與細心，因為管理員使用者能隨意變更系統設定，還擁有存取所有檔案與目錄的權限。因為操作不當，導致所有資料消失的消息也時有所聞。也有人因為輸入錯誤的指令，產生無法挽回的損失。

登入 root 帳號，進行各種作業，其實會增加失誤的風險，所以只需要在管理系統時以 root 帳號登入，其餘的情況則以一般使用者的帳號登入。

💡 冷知識

使用 root 權限

sudo 命令可在一般使用者的帳號使用 root 的權限，不過這必須在使用者屬於 wheel 群組以及在 /etc/sudouser 設定 wheel 群組才行。由於本書的學習環境已完成這些設定，所以不需要另行變更。

24 管理員的心態

系統管理員必須符合三個要求，其一是客觀看待管理員的權限，其次是遵守倫理，最後是預防外部入侵。

千萬別認輸！管理員使用者

24-1 管理員使用者的力量

重點在於客觀判斷自己的實力，了解自己能做到什麼程度。大公司通常會指派專任的系統管理員，但大部分的公司都是兼任的。最理想的模式是「什麼事都親力親為」，但最好還是先找出能自行管理的部分，至於無法自行管理的部分，則交給專門的業者處理。

24-2 遵守倫理

系統管理員一旦以 root 登入，就能瀏覽所有檔案的內容，當然也能竊取業務機密，或是偷看美女的電子郵件，也能鎖住可惡上司的使用者權限，

但是正因為系統管理員擁有如此高的權限，所以才必須遵守倫理，告訴自己「不能這麼做」。

24-3 預防外部入侵

外部攻擊的頭號目標可能是管理員使用者，而駭客的目的只有一個，就是竊取 root 的密碼。雖然一般使用者的密碼外洩也很危險，但 root 的密碼被盜，絕對是超級嚴重的事件。一旦駭客取得密碼，就能將 Linux 收入囊中，這簡直就像是壞人取得無所不能的神力一樣。

所以 root 的密碼絕對要守得固若金湯。如果密碼太過簡單，有可能會被直接算出來。若要避免密碼外洩，請先確認是否符合下列要求。

- 如果密碼由多人管理，人數應越少越好。
- 定期變更密碼
- 設定複雜的密碼
- 盡可能減少以 root 進行操作的時間
- 禁止從外部網路以 root 的帳號登入

💡 冷知識

使用 sudo 命令可讓損害降至最低

Linux 的伺服器或資料庫都假設只由一個系統管理員管理，因此一旦 root 的密碼外流，整個系統都將受到影響。為了避免這類情事發生，建議禁止以 root 登入，並且由多人一同管理系統，藉此降低風險。此時可試著利用 sudo 命令管理系統（參考『25-2』）。

25 成為系統管理員（root） 的方法

接著讓我們以 root（管理員使用者）的身份操作 Linux。
前提是，要知道 root 的密碼。

25-1 以 root 登入

第一步以 root 登入。在登入名稱輸入 root，再輸入 root 的密碼。

```
localhost login: root ─── 在登入名稱輸入「root」
Password: ─── 若使用的是本書提供的 CentOS，root 的密碼是「1234pswd」
```

▼

```
#  ◄─ 因為是 root（管理員使用者），所以命令提示字元會是 #
```

⊘ 注意

有時無法直接以 root 登入

有些發行版或管理員為了杜絕外部入侵的可能性，會直接禁止以 root
登入，此時可使用後續說明的 su 命令。

25-2 使用 su 命令

su 命令可讓一般使用者暫時切換成管理員使用者的身份操作 Linux。執
行沒有參數的 **su** 命令，可自動切換成管理員使用者的身份。此時需要
輸入 root 的密碼。

```
$ su Enter      ← 執行無參數的 su 命令
```

▼

```
password:      ← 輸入 root 的密碼
```

▼

```
#      ← 命令提示字元就會從 $ 切換成 #
```

操作結束後，利用 **exit** 命令切換成一般使用者。

```
# exit Enter
```

▼

```
$      ← 命令提示字元從 # 切換成 $
```

有些發行版不會設定 root 的密碼，有些管理員使用者則會為了安全性問題，禁止使用 **su** 命令。此時可改用 **sudo** 命令。

```
$ sudo shutdown -r now Enter
↑ 利用 sudo 命令執行 shutdown 命令（參考『29-3』）
```

▼

```
[sudo]password for rinako:      ← 輸入一般使用者的密碼
```

執行 **sudo** 命令之後，第一步先輸入密碼，此時要輸入的不是 root 的密碼，而是目前登入中的使用者的密碼。

要使用 **sudo** 命令，必須先將該使用者加進 wheel 群組，此時可使用 **usermod** 命令將使用者加進群組（參考『28-2』）。

26 使用者、 群組、 權限

檔案或目錄都具有擁有者、擁有者群組的資訊，而且每位擁有者或群組都有權限這種資訊。

26-1 建立管理使用者的群組

Linux 的檔案與目錄都具有兩種資訊，一種是**使用者（擁有者）**，另一種整合多位使用者的**群組**。

以公司的構造比喻使用者與群組的話，使用者就像是員工，群組就像是
該員工隸屬的部門，若以總務部的 rinako 比喻，使用者就是 rinako，
群組就是「總務部」。

26-2 公司內部文件可分成個人專用、部門內部專用、部門之外專用

rinako 在上班寫的 ToDo 備忘錄可設定成只有 rinako 可以閱讀與書寫。

此外，公司內部會有一些公開的文件，例如 rinako 收集的資料會在總務
部的會議分享給其他部門的員工，有時候上司也會幫忙改寫企劃書，有
些文件則會希望總務部以外的業務部或會計部也能瀏覽。

要注意的是，不能把所有的文件攤在所有員工面前。一如不可外流的部
門機密或公司機密，在公司內部傳閱的文件，必須以個人文件、部門內
部文件、非部門文件這三個基準設定瀏覽與改寫的權限。

26-3 每個檔案都可設定讀取、寫入與執行的權限

為了解決這類安全性問題，Linux 可針對使用者、群組使用者、非群組
使用者這三個身份設定檔案的讀取、寫入、執行這三個權限。只要對這
三個權限設定「允許」或「禁止」這類**存取權限**，就能進一步限制有哪
些人可操作該檔案。

在執行 **ls** 命令的時候加上選項 **−l**，就能知道檔案的權限資訊。

讓我們看看之前以選項 **−l** 執行 **ls** 命令的範例。每一項的檔案資訊應該
都是以 **d** 或 **−** 開始，而這裡的 **d** 代表目錄，**−** 代表檔案。

從第 2 個字元到第 10 個字元的 9 個字元都會是 r、w、x、− 其中之一，這些就是**權限資訊**。

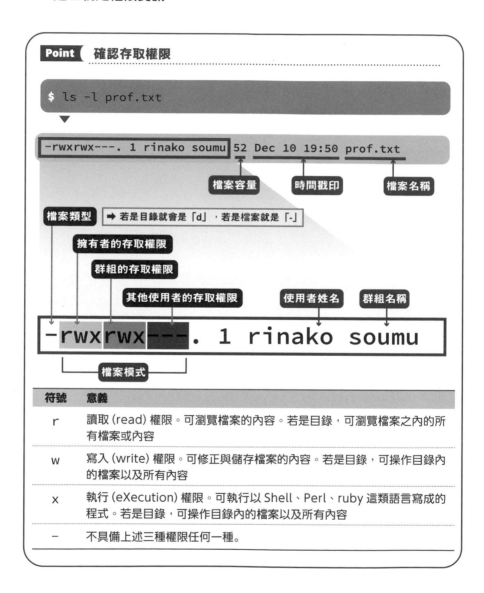

符號	意義
r	讀取 (read) 權限。可瀏覽檔案的內容。若是目錄，可瀏覽檔案之內的所有檔案或內容
w	寫入 (write) 權限。可修正與儲存檔案的內容。若是目錄，可操作目錄內的檔案以及所有內容
x	執行 (eXecution) 權限。可執行以 Shell、Perl、ruby 這類語言寫成的程式。若是目錄，可操作目錄內的檔案以及所有內容
−	不具備上述三種權限任何一種。

讓我們進一步了解權限資訊吧！以下面這位菜鳥的檔案為例。

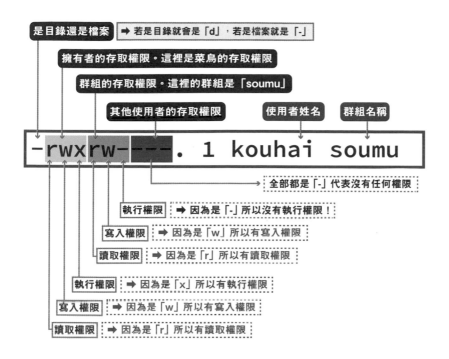

大家了解了嗎？這個檔案可讓群組成員讀取與寫入，但群組之外的使用者就不能讀取、寫入與執行。

如果要讓所有的使用者讀取、寫入與執行，檔案可如下設定。

-rwxrwxrwx. 1 kouhai soumu

接著讓我們看看 **ls** 命令的檔案。

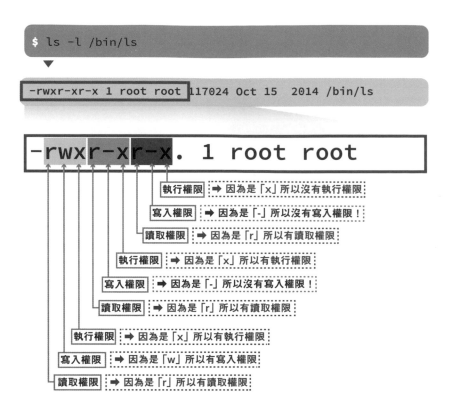

```
$ ls -l /bin/ls
```

-rwxr-xr-x 1 root root 117024 Oct 15 2014 /bin/ls

-rwxr-xr-x. 1 root root

執行權限 ➡ 因為是「x」所以沒有執行權限

寫入權限 ➡ 因為是「-」所以沒有寫入權限！

讀取權限 ➡ 因為是「r」所以有讀取權限

執行權限 ➡ 因為是「x」所以有執行權限

寫入權限 ➡ 因為是「-」所以沒有寫入權限！

讀取權限 ➡ 因為是「r」所以有讀取權限

執行權限 ➡ 因為是「x」所以有執行權限

寫入權限 ➡ 因為是「w」所以有寫入權限

讀取權限 ➡ 因為是「r」所以有讀取權限

root 的群組就是 root。這個檔案設定了讀取權限，所以每一位使用者都可讀取，但因為是二進位檔案，所以實質上是無法瀏覽的。

假設是目錄，開頭的字元會是「d」。

若是目錄，這裡會是「d」

drwxrw----. 1 kouhai soumu

假設使用者群組有寫入這個目錄的權限，該群組的使用者就能在這個目錄寫入內容。

26-4 利用 chmod 命令變更存取權限

讀取、寫入這些存取權限可利用 **chmod** 命令設定。**chmod** 命令的設定模式有數值模式與符號模式兩種，在此為大家說明數值模式。

讓我們以第三章使用的檔案 rstr.sh 為例，試著變更這個檔案的存取權限。第一步，要先確認權限資訊。為了方便操作，請先移動到 rstr.sh 的目錄，將該目錄設定為目前工作目錄。

```
$ cd /home/rinako/doc/project Enter
$ ls -l rstr.sh Enter
```

▼

```
-rwxrwxrwx. 1 rinako soumu 166 Jan 17 18:05 rstr.sh
```

各權限的設定在數值模式會以數字標記。

讀取（r）是 4，寫入（w）是 2，執行（x）是 1，沒有該權限的話會是 0，擁有者、群組與其他使用者的數字會分別加總。

本書將常見的權限設定範例整理成下表，請大家先看看內容。

權限	數字	說明
rwxrwxrwx	777	所有使用者都可讀取、寫入與執行這個檔案
rw-r—r--	644	所有使用者都可讀取，擁有者可以寫入這個檔案
rwxr-xr-x	755	所有使用者都可讀取、執行，擁有者可寫入這個檔案
rw-------	600	只有擁有者可讀取與寫入這個檔案
---------	000	所有使用者都不能讀取、寫入與執行這個檔案

Point 變更存取權限

變更檔案的 存取權限。

$ chmod 751 rstr.sh Enter

檔案名稱

7	5	1
4 2 1	4 0 1	0 0 1
rwx	r-x	--x
擁有者	群組	其他使用者

讀取權限為數字的「4」
寫入權限為數字的「2」
執行權限為數字的「1」
若無權限為「0」
然後加總上述數字

$ ls -l rstr.sh Enter ← 以 ls 命令確認

-rwxr-x--x. 1 rinako soumu

權限變更了

26-5 確認所屬的群組

如果要確認使用者屬於哪個群組，可使用 **groups** 命令。

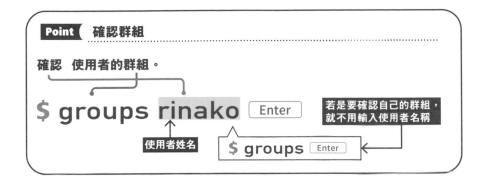

26-6 使用者必定屬於某個群組的不成文規定

Linux 是以群組的方式管理使用者（正確來說，是管理權限），所以若無特別指定，使用者姓名就是群組名稱（例如 root 就是最典型的例子）。不過，一般使用者（非使用者姓名）一定得屬於某個現有的群組。

26-7 群組就是主要群組

一般使用者可同時分屬多個群組，而此時必須先決定最優先（primary）的群組，這個群組就稱為**主要群組**。

26-8 只有管理員使用者可以操作群組與使用者

一般使用者若能自行在群組新增使用者，或是新增、刪除、變更群組，那後果恐怕無法想像，所以正確操作群組可說是管理員使用者的重要任務之一。

> ### 冷知識
>
> **wheel 群組與 sudo 命令**
>
> sudo 命令（參考『25-2』）可讓一般使用者使用 root 才能使用的命令，但如果所有的一般使用者都可以使用 sudo 命令，那可就麻煩了。為了解決這個問題而事先建立的就是 wheel 群組，只有隸屬這個群組才能使用 sudo 命令。

27 使用者相關的命令

接著為大家介紹使用者相關的命令，不過這時候需要具備 root（管理員使用者）的權限。

27-1 新增使用者

只有管理員使用者可新增使用者，此時必須以 root 的帳號執行 **useradd** 命令。

要注意的是，Linux 沒有修正使用者姓名的功能，所以新增使用者的時候，千萬別把使用者的姓名拼錯，而且只要執行下列的命令，就會自動新增使用者姓名「kouhai」的個人目錄「/home/kouhai」。

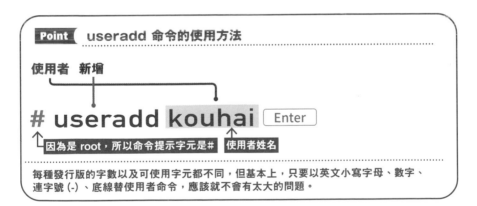

Point useradd 命令的使用方法

使用者　新增

useradd kouhai Enter

因為是 root，所以命令提示字元是# 　使用者姓名

每種發行版的字數以及可使用字元都不同，但基本上，只要以英文小寫字母、數字、連字號 (-)、底線替使用者命令，應該就不會有太大的問題。

💡 **冷知識**

可利用選項進一步設定
新增使用者的時候，通常會以「useradd kouhai -g soumu」的方式新增。加上選項 -g，可直接指定主要群組（soumu 為群組名稱）。

27-2 設定密碼

useradd 命令只能新增使用者，無法設定密碼，密碼必須利用 **passwd**
命令設定。但是設定密碼與登入的時候一樣，都不會在畫面上顯示內容。
若最後顯示了「successfully」，才代表密碼設定成功。

Point **passwd 命令的使用方法**

設定　使用者的密碼。

passwd kouhai [Enter]

要設定密碼的 使用者姓名

因為是 root，所以命令提示字元是 #

```
Changing password for user kouhai.
New password:     [Enter]  ← 輸入密碼。畫面不會顯示內容
Retype new password:  [Enter]  ← 再輸入一次密碼
passwd: all authentication tokens updated successfully.
```
↑ 兩次的密碼若是一致，就會顯示「成功」的訊息。

安全性問題，畫面不顯示密碼。

💡 **冷知識**

密碼的儲存位置
密碼儲存在根目錄底下的 etc 的 shadow 檔案裡。早期是儲存在 etc
資料夾的 passwd 裡面，但後來因為安全性問題而調整儲存位置。

27-3 一般使用者自行變更密碼的方法

一般使用者也能執行 **passwd** 命令，但只能變更自己的密碼。

Point **passwd 命令的使用方法：變更自己的密碼**

設定密碼

$ **passwd** [Enter]

因為是一般使用者，所以命令提示字元是 $

～省略～
(current) UNIX password: [Enter] ← 輸入舊密碼
New password: [Enter] ← 輸入新密碼
Retype new password: [Enter] ← 再輸入一次新密碼
passwd: all authentication tokens updated successfully.

假設這三次新、舊密碼都正確輸入，就會顯示「成功」訊息。

一般使用者也能利用 passwd 命令變更密碼，但不需要加上使用者姓名。

一般使用者要變更自己的密碼時，必須先輸入舊密碼。要注意的是，別設定太簡單或太短的密碼。

💡 冷知識

即使是萬能的管理員使用者，也不知道一般使用者的密碼

即使是管理員使用者，也無法得知一般使用者的密碼。如果不小心忘記密碼，只能請管理員重置為新密碼，再將新密碼告訴使用者。

💡 冷知識

產生隨機的密碼

pwgen 命令可自動產生隨機的密碼。如果找不到 pwgen 命令，可先利用 yum 命令安裝（參弄第 8 章的『46』）。

27-4 使用者的資訊存於何處呢？

如果想知道有哪些使用者註冊系統，可利用 cat 命令顯示使用者資訊檔案 /ect/passwd 的內容。這個檔案會將每一位使用者列為一列資訊，並以「：」間隔各項使用者資訊的欄位。

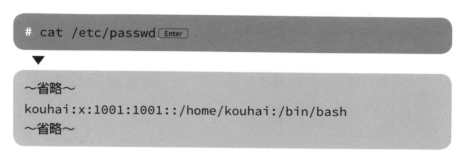

```
# cat /etc/passwd Enter
```

▼

```
～省略～
kouhai:x:1001:1001::/home/kouhai:/bin/bash
～省略～
```

27-5 刪除使用者

要刪除使用者可使用 **userdel** 命令，當然，這也是只有 root 能使用的命令。

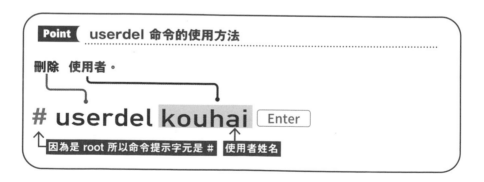

Point userdel 命令的使用方法

刪除　使用者。

```
# userdel kouhai Enter
```

因為是 root 所以命令提示字元是 #　　使用者姓名

28 群組相關命令

> 讓我們一起看看設定與管理群組的命令。此時也需要擁有
> root（管理員使用者）的權限。

28-1 新增群組

要新增群組可使用 **groupadd** 命令，這等於是 **useradd** 命令的群組版。

Point　groupadd 命令的使用方法

群組　新增

groupadd kikaku　[Enter]

因為是 root 所以命令提示字元是 #　　群組名稱

群組的資訊存在 /etc/group 檔案裡。檔案的最後一列應該有剛剛新增
的群組。讓我們使用 tail 命令瀏覽 /etc/group 檔案的最後一列吧（參
考第 7 章的『38-4』）。

```
# tail -1 /etc/group    ← 一般使用者也可以瀏覽這個檔案
```

▼

```
kikaku:x:1003:
```

不過這個群組還沒新增任何使用者。使用者可利用下面說明的 **usermod**
命令新增。

假設群組已新增了使用者，一執行 **tail** 命令就會顯示下面的資訊。每個群組資訊都會顯示為一列。

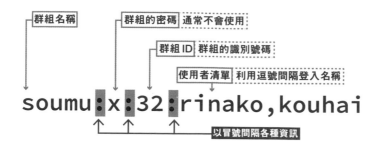

28-2 在群組新增使用者

要在群組新增使用者可使用 **usermod** 命令。

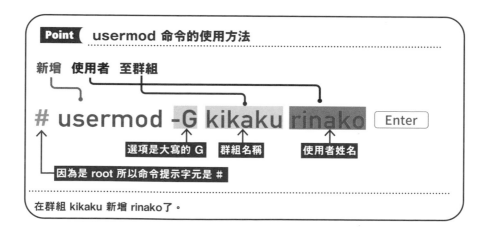

這次讓我們再次使用 **tail** 命令瀏覽 /etc/group 檔案的最後一列，應該可以發現 kikaku 群組新增了使用者。

```
kikaku:x:1003:rinako
```

28-3 刪除群組

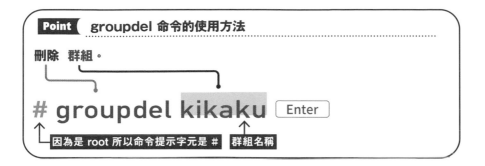

Point groupdel 命令的使用方法

刪除 群組。

groupdel kikaku [Enter]

因為是 root 所以命令提示字元是 #　群組名稱

要刪除群組可使用 **groupdel** 命令，但使用者的主要群組無法刪除。

要指定使用者的主要群組可使用 **useradd** 或 **usermod** 命令，同時以選項 **−g** 新增使用者。

28-4 變更檔案的擁有者與所屬群組

接著，可以試著變更檔案或目錄的擁有者與群組。不過，之前已經新增與刪除過使用者以及群組，所以在『28-4』的 **Point** 使用的檔案或目錄未於本書學習環境提供，想實際試用命令的讀者可試著利用之前介紹的命令新增使用者、群組、檔案與目錄。

檔案的擁有者可利用 **chown** 命令變更。

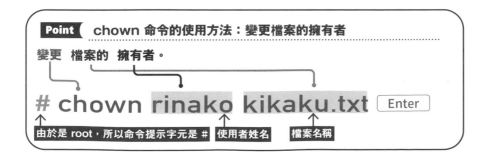

Point chown 命令的使用方法：變更檔案的擁有者

變更 檔案的 擁有者。

chown rinako kikaku.txt [Enter]

由於是 root，所以命令提示字元是 #　使用者姓名　檔案名稱

要變更目錄的擁有者時，有沒有加上選項 **−R** 會得到不同的結果。

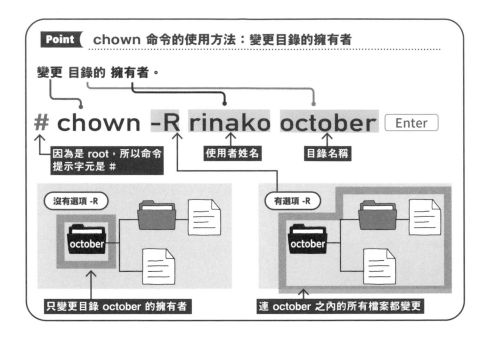

若要變更所有群組可使用 **chgrp** 命令。

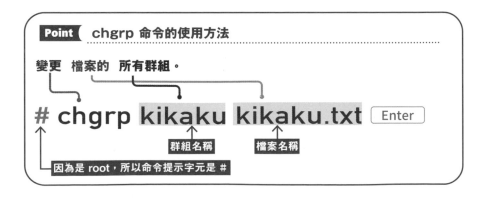

29 系統管理命令

只登出（參考第 2 章的『09-7』），無法真的結束 Linux。
要讓系統完全停止運作或是重新啟動，可使用 systemctl
命令。

29-1 結束與重新啟動 CentOS 7

從第 7 版的 CentOS 之後，有些系統相關的工具汰舊換新，所以有些命令的使用方法也變得不一樣，就結論而言，就是與系統、服務有關的命令全都於 **systemctl** 工具統一管理。

根據 RedHat 公司的資料，光是電源管理的部分，在 CentOS 7 就有下列這類變更。

舊版命令	新命令	說明
halt	systemctl halt	結束系統
poweroff	systemctl power off	關閉系統電源
reboot	systemctl reboot	重新啟動系統

29-2 關閉系統電源與重新啟動系統

systemctl poweroff 命令可結束系統與關閉系統電源。要重新啟動系統可使用 **systemctl reboot** 命令。

在此要請大家記得的是，系統相關命令本來就是只有管理員使用者可以執行的命令。

29-3 關閉系統電源、重新啟動系統的 舊版命令仍可使用

雖然從 CentOS 7 開始就比較「推薦」使用 **systemctl** 工具，但其實還是可以使用舊版命令。或許大家會有機會操作 CentOS 6 之前的 Linux，所以還是建議稍微了解一下 **systemctl** 工具之前的命令。

要關閉系統電源可使用 **shutdown** 命令。通常會以下列的方式使用。

```
# shutdown -h now Enter
```

參數像是固定的咒語，例如「-h now」就是「切斷電源的時間是，現在！」的意思。若要指定切斷電源的時間，可調整「now」的部分，例如想在晚上十一點切斷電源可如下指定。

```
# shutdown -h 23:00 Enter     ← 於晚上 11 點切斷電源
```

要重新啟動系統可使用 **reboot** 命令或是在 **shutdown** 命令加上選項 **-r**。

```
# reboot Enter    ◀ 重新啟動
```

```
# shutdown -r now Enter    ◀ 重新啟動
```

CentOS 7 只是將上述的命令置換成 systemctl 工具，所以不管是哪邊的命令，執行結果都是相同的。

雖然有許多與結束系統相關的命令，但這些命令只是因為過去不正確結束系統，系統就會出問題而存在，時至今日，已不需要全部背下來。

💡 冷知識

一般使用者就以 sudo 命令執行上述命令

剛剛介紹的系統相關作業若不是管理員使用者就無法執行……才對吧？但其實 CentOS 已開放一般使用者使用 **systemctl poweroff**、**shutdown**、**reboot** 命令。這應該是為了讓 GUI 的使用者能夠關機或是重新啟動系統，否則這類使用者就無法正常關機了。

不過，為了區分一般使用者與管理員使用者，要關機或是重新啟動系統，都必須以 **sudo** 命令執行。

```
$ sudo shutdown -h now
$ sudo shutdown -h 23:00

$ sudo reboot
$ sudo shutdown -r now
```

問題 1

假設檔案的權限資訊為「-rwxr-x---」,那麼下列何者的解釋正確?

ⓐ 檔案的擁有者可讀取與寫入,同群組的使用者可讀取,其他使用者不可存取

ⓑ 檔案的擁有者可讀取與寫入,同群組的使用者與其他使用者可讀取

ⓒ 檔案的擁有者可讀取與寫入,同群組的使用者也可讀取與寫入,其他使用者不可讀取

ⓓ 只有檔案的擁有者可讀取與寫入,同群組的使用者與其他使用者不可存取

問題 2

管理員使用者若要新增一般使用者「hiroshi」,可使用下列哪個命令?

ⓐ useradd hiroshi

ⓑ mkuser hiroshi

ⓒ touchuser hiroshi

ⓓ make hiroshi

問題 3

管理員使用者要將一般使用者 hiroshi 新增至 kikaku 群組,可使用下列哪個命令?

ⓐ chgrp hiroshi kikaku

ⓑ usermod -G kikaku hiroshi

ⓒ groupadd hiroshi kikaku

ⓓ chowngroup hiroshi kikaku

問題 4

要立刻切斷 Linux 系統的電源，必須在命令列輸入何種命令？

解 答

問題 1 解答

正確答案是 ⓐ 的設定。

Linux 的權限資訊由左至右的 2 ～ 4 位數為該檔案的擁有者，5 ～ 7 位數為該檔案擁有者所屬的群組，剩下的位數為其他使用者的資訊。

r 代表讀取、w 代表寫入（更新），x 代表可執行程式或指令。

問題 2 解答

正確答案是 ⓐ 的 useradd hiroshi。

useradd 指令可新增使用者。新增使用者的同時，會自動新增該使用者的個人目錄。

問題 **3** 解答

正確答案是 ⓑ 的 usermod −G kikaku hiroshi。

要在群組「新增」使用者可使用帶有選項 −G 的 usermod 命令。要注意的是，若不小心將選項設定為小寫的 −g，就會「變更」使用者的主要群組。

問題 **4** 解答

正確解答為 systemctl poweroff。

從 CentOS 7 之後，就能使用 systemctl poweroff 命令切斷系統的電源。「shutdown −h now」這個舊版命令仍可切斷電源。

使用 Shell 的實用功能

30 了解 shell 的機制

Shell 是 Linux 不可或缺的工具，所以先讓我們使用其方便的功能，同時了解 Shell 的基本機制與功能。

● 就算是模糊的問題

只顯示副檔名為 txt 的檔案

知道了

了解了　　　請顯示 a.txt、b.txt、c.txt

● 連過去的事情也可查詢

給我看看之前用過的命令列

知道了

了解了　　　請顯示這個跟這個

● 就算是不合理的要求

這個命令的名稱太長，換成其他的名稱

知道了

了解了　　　請如此顯示

不管是多麻煩、多任性的要求，Linux 的秘書「Shell」都會笑著接受喲。

30-1 Shell 是專屬祕書

在使用者與 Linux（核心）之間搭起橋樑的是 **Shell**。Shell 是 Linux 的祕書，可接收簡單、麻煩卻很重要的工作，方便使用者進行各種作業。

Point **Shell 是在使用者與 Linux 之間搭起橋樑的祕書**

使用者　　　Shell（Shell 有很多種）　　　Linux（核心）

bash　　　zsh

① Shello 會將使用者的指示（命令）翻譯成 Linux 看得懂的語言。
② Linux 會將執行結果傳遞給 Shell，Shell 再進一步譯成使用者看得懂的語言。

30-2 bash 是 Linux 的內建 Shell

Linux 除了 bash 之外，還有 tcsh、zsh 以及其他的 Shell，使用者可自行挑選喜歡的種類，但本書介紹的是 **bash** 這個內建的 Shell。

本章主要是講解 bash「方便好用，能立刻派上用場的功能」，不會講解 bash 或其他 shell 過於複雜的機制與功能。

此外，本章是以 /home/rinako/doc/chap6 為目前工作目錄，請大家先以 **cd** 命令移動到這個目錄。

```
$ cd ~/doc/chap6 Enter
   ↑ ～代表個人目錄
```

使用 Shell 的實用功能

31 以模糊的指示挑出必要的檔案（萬用字元）

若顯示了多餘的檔案，畫面會變得很繁雜，此時可使用萬用字元排除多餘的檔案。

31-1 讓作業變得輕鬆的咒語－萬用字元

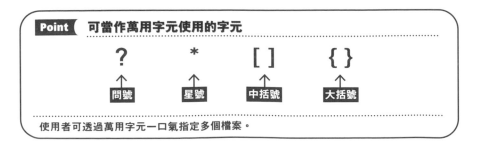

Point 可當作萬用字元使用的字元

?	*	[ ]	{ }
↑	↑	↑	↑
問號	星號	中括號	大括號

使用者可透過萬用字元一口氣指定多個檔案。

使用**萬用字元**可在輸入命令時，一口氣指定多個相似的檔案。接下來先為大家介紹各種萬用字元的使用方法。

31-2 ?號可代替一個字元，*號可代替一個以上的字元

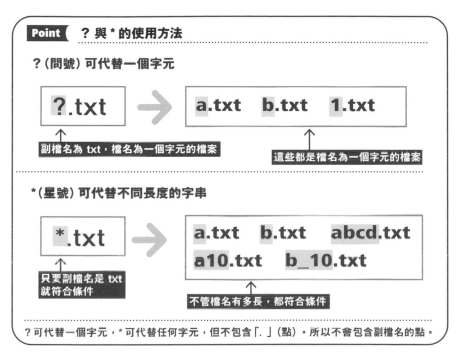

Point ? 與 * 的使用方法

?（問號）可代替一個字元

?.txt → **a.txt** **b.txt** **1.txt**

副檔名為 txt，檔名為一個字元的檔案

這些都是檔名為一個字元的檔案

*（星號）可代替不同長度的字串

*.txt → **a.txt** **b.txt** **abcd.txt** **a10.txt** **b_10.txt**

只要副檔名是 txt 就符合條件

不管檔名有多長，都符合條件

? 可代替一個字元，* 可代替任何字元，但不包含「.」（點）。所以不會包含副檔名的點。

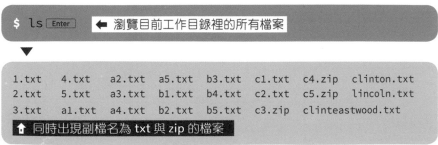

```
$ ls [Enter]    ← 瀏覽目前工作目錄裡的所有檔案
▼

1.txt   4.txt   a2.txt   a5.txt   b3.txt   c1.txt   c4.zip   clinton.txt
2.txt   5.txt   a3.txt   b1.txt   b4.txt   c2.txt   c5.zip   lincoln.txt
3.txt   a1.txt  a4.txt   b2.txt   b5.txt   c3.zip   clinteastwood.txt
```

↑ 同時出現副檔名為 txt 與 zip 的檔案

想要像上述一樣瀏覽目前工作目錄裡的所有檔案，就可使用萬用字元的 * 或 ? 。

```
$ ls *.txt [Enter]    ← 利用*（星號）搜尋副檔名為 txt 的檔案
```

```
1.txt 3.txt 5.txt  a2.txt a4.txt b1.txt b3.txt b5.txt c2.txt        clinton.txt
2.txt 4.txt a1.txt a3.txt a5.txt b2.txt b4.txt c1.txt clinteastwood.txt lincoln.txt
```
⬆ 只顯示了副檔名為 txt 的檔案

```
$ ls ?.txt [Enter]
```
⬆ 利用？（問號）搜尋副檔名為「txt」，檔名只有一個字元的檔案

```
1.txt  2.txt  3.txt  4.txt  5.txt    ← 只顯示了五個檔案
```

31-3 利用括號統整檔案名稱

Point [ ]（中括號）的使用方法：列出候選的單一字元

利用[]（中括號）整合候選的單一字元

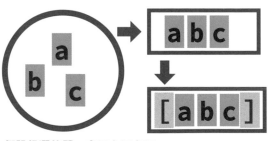

② 寫成一排…

③ 再用括號括起來

① 假設候選的單一字元有很多個…

若候選的單一字元有很多個，可利用[]（中括號）括起來。

```
$ ls [15].txt [Enter]
```
⬆ 利用 []（中括號顯示副檔名之前的字元為 1 或 5 的檔案

```
1.txt  5.txt
```

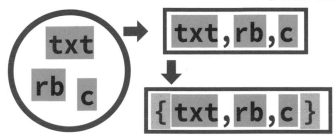

Point 利用{}（大括號）列出候選的單字

如果要指定的是單字，可利用{}（大括號）括起來

② 利用，（逗號）間隔

txt, rb, c

{txt, rb, c}

① 如果有多個候選的單字…

③ 以括號括起來

利用，（逗號）間隔單字，再以{}（大括號）括起來。

$ ls {a2,c1}.txt Enter

⬆ 利用 {}（大括號）找出副檔名為 txt，檔名為 a1 或 c1 的檔案

▼

a2.txt　c1.txt　◀ 找出 a2.txt 與 c1.txt 了

也可同時使用兩個萬用字元。

$ ls [ab]*.txt Enter

⬆ 找出以 a 或 b 為字首，副檔名為 txt 的檔案

▼

a1.txt　a2.txt　a3.txt　a4.txt　a5.txt　b1.txt　b2.txt　b3.txt　b4.txt　b5.txt

若要將？或 [] 這類萬用字元當成檔名使用，必須在這些字元之前加上反斜線「\」，標記萬用字元的位置。例如想指定「question?.txt」這種檔案名稱，就必須寫成「question\?.txt」的格式。

6

使用 Shell 的實用功能

32

在輸入命令時，讓系統幫你輸入剩下的部分（自動輸入功能）

輸入命令後要輸入檔案名稱，但有時候會想不起重要的檔案名稱，此時可派上用場的就是 Shell 的自動輸入功能。

32-1 瀏覽器的自動輸入功能

大家應該都有在 Windows 或智慧型手機的瀏覽器輸入 URL 的時候，使用過下列的自動輸入功能。

這是瀏覽器的 URL 輸入欄，如果在這裡輸入「a」的話…

會出現多個以「a」為字首的候選網址，之後可從中挑選需要的網址。

32-2 試用 Shell 的自動輸入功能

其實 Shell 也有類似的功能，可在輸入命令的時候，自動輸入檔案名稱或尚未輸入的命令，這功能稱為**自動輸入功能**。只要在輸入命令或檔案名稱的過程中按下 Tab 鍵，就能使用自動輸入功能。

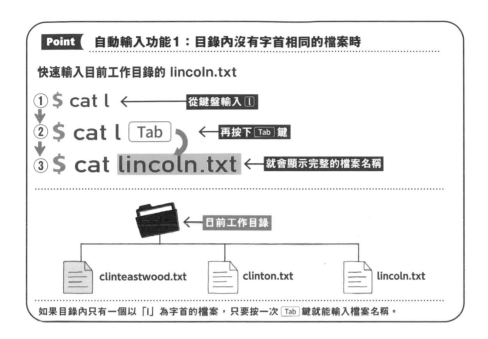

Point 自動輸入功能1：目錄內沒有字首相同的檔案時

快速輸入目前工作目錄的 lincoln.txt

① $ cat l ← 從鍵盤輸入 l

② $ cat l [Tab] ← 再按下 [Tab] 鍵

③ $ cat lincoln.txt ← 就會顯示完整的檔案名稱

← 日前工作目錄

clinteastwood.txt　　clinton.txt　　lincoln.txt

如果目錄內只有一個以「l」為字首的檔案，只要按一次 [Tab] 鍵就能輸入檔案名稱。

這個範例是在輸入檔案名稱的第一個字元 l 的時候就按下 [Tab] 鍵，但其實在輸入單字的過程中隨時按下 [Tab] 鍵，都能使用自動輸入命令。

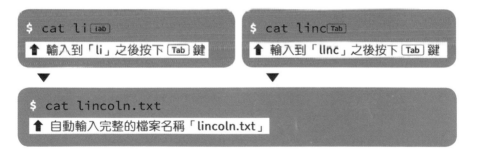

$ cat li [Tab]
⬆ 輸入到「li」之後按下 [Tab] 鍵

$ cat linc [Tab]
⬆ 輸入到「linc」之後按下 [Tab] 鍵

▼

$ cat lincoln.txt
⬆ 自動輸入完整的檔案名稱「lincoln.txt」

自動輸入功能將大小寫英文字母視為不同的字母，所以在下面的範例裡，無法在輸入大寫字母之後使用自動輸入功能。

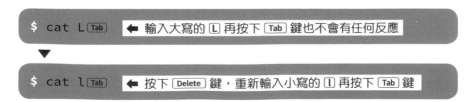

$ cat L [Tab] ◀ 輸入大寫的 L 再按下 [Tab] 鍵也不會有任何反應

▼

$ cat l [Tab] ◀ 按下 [Delete] 鍵，重新輸入小寫的 l 再按下 [Tab] 鍵

假設自動輸入的候補選項有很多個，只要再按下 [Tab] 鍵，下一列就會顯示幾個候補選項，此時可再輸入字母，縮減候補選項的個數。

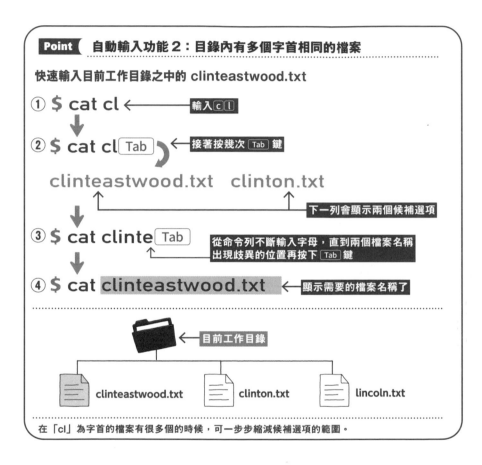

除了目前工作目錄之外，自動輸入功能也能於輸入絕對路徑的時候使用。

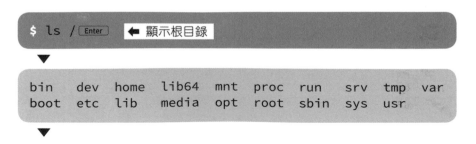

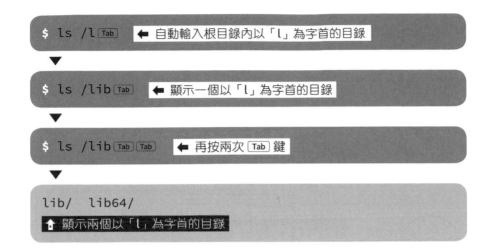

$ ls /l `Tab` ← 自動輸入根目錄內以「l」為字首的目錄

$ ls /lib `Tab` ← 顯示一個以「l」為字首的目錄

$ ls /lib `Tab` `Tab` ← 再按兩次 `Tab` 鍵

lib/ lib64/
⬆ 顯示兩個以「l」為字首的目錄

32-3 自動輸入功能也能於輸入命令的過程使用

自動輸入功能不僅可在輸入檔案名稱的時候幫大忙，也能在輸入命令的過程中使用。

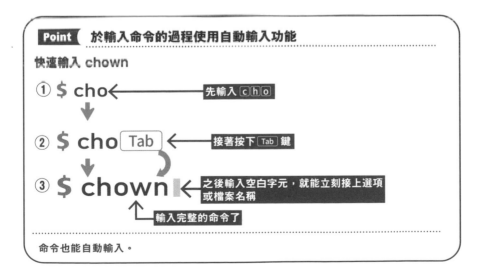

Point 於輸入命令的過程使用自動輸入功能

快速輸入 chown

① $ cho ← 先輸入 c h o

② $ cho `Tab` ← 接著按下 `Tab` 鍵

③ $ chown ← 之後輸入空白字元，就能立刻接上選項或檔案名稱
↑ 輸入完整的命令了

命令也能自動輸入。

要注意的是當候補選項的命令太多時，有時會顯示警告訊息。

33 呼叫曾使用的命令（歷史記錄功能）

Shell 隨時都在監控著你的一舉一動，會幫你記住輸入過的命令，讓你可隨時呼叫這些命令。

33-1 利用 ⬆、⬇ 穿梭過去

有時會想執行之前輸入的命令，此時不需要重新輸入命令，只要在命令提示字元顯示的時候，按下 ⬆ 或 ⬇ 鍵，之前輸入的命令就會一個個重新登場，隨時都可再度執行。這個稱為**歷史記錄功能**或是**命令歷程功能**。

此外，每個人執行的命令都不同，所以命令歷程的內容也不同，所以本節介紹的歷程僅供參考。

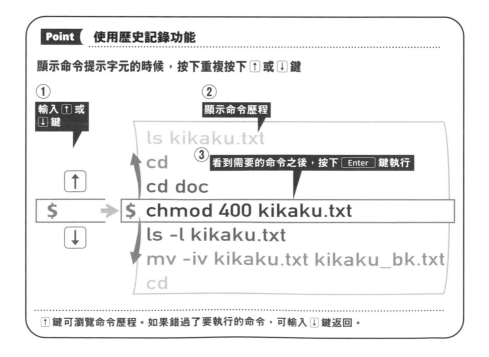

Point 使用歷史記錄功能

顯示命令提示字元的時候，按下重複按下 ⬆ 或 ⬇ 鍵

① 輸入 ⬆ 或 ⬇ 鍵

② 顯示命令歷程

```
ls kikaku.txt
cd
cd doc
$ chmod 400 kikaku.txt
ls -l kikaku.txt
mv -iv kikaku.txt kikaku_bk.txt
cd
```

③ 看到需要的命令之後，按下 Enter 鍵執行

⬆ 鍵可瀏覽命令歷程。如果錯過了要執行的命令，可輸入 ⬇ 鍵返回。

當畫面顯示命令提示字元，輸入 ↑ 鍵就能使用歷史記錄功能。

$ ↑   ◀ 畫面顯示命令提示字元時不斷按下 ↑ 鍵

▼

$ cp -iv 123.txt 456.txt
↑ 每按一次 ↑ 鍵，都會顯示最近使用過的命令

▼

$ cp -iv 123.txt 456.txt [Enter]
↑ 如果要執行這個命令，只需要按下 [Enter] 鍵

即使是在輸入命令的過程中，仍可使用歷史記錄功能，只是輸入到一半的命令會全部消失。比方說，要利用 **ls** 命令瀏覽 /etc 目錄，結果在命令輸入到一半的時候按下 ↑ 鍵，之前輸入的內容就會全部消失，取代為前一個輸入的命令。

$ ls -l /e↑   ◀ 在輸入命令的過程中按下 ↑ 鍵時…

▼

$ cp -iv 123.txt 456.txt   ◀ 瞬間顯示輸入過的命令

歷史記錄功能不僅可利用 ↑ 或 ↓ 鍵使用，也能以其他的按鍵使用。舉例來說，若想直接執行前一個命令，只要連按兩次 ! 再按下 [Enter] 鍵即可。

$!! [Enter]   ◀ 連續按下兩次 ! 鍵再按下 [Enter] 鍵

▼

cp -iv 123.txt 456.txt
↑ 直接執行上一個命令。與 ↑ 不同的是，此時會自動輸入 [Enter] 鍵

33-2 顯示命令歷程

執行 **history** 命令可列出之前使用的命令。

```
$ history Enter
```

▼

```
    1  mkdir dov
    2  ls
    3  mv dov doc
    4  cp -iv kikaku.txt doc/
```
⬆ 會顯示從舊至新的命令。如果命令歷程太長，畫面會瞬間捲至最後

如果命令歷程長到無法於一頁顯示，可搭配 **less** 命令執行（參考第三章的『14-2』）。本章是搭配管線功能（參考第七章的『41』）使用。

```
$ history|less Enter
```

▼

```
～省略～
   12   echo hello world
   13   cd doc
   14   cp -iv  kikaku.txt kikaku-bk.txt
   15   vi kikaku.txt
   16   tail -10 kikaku.txt
```
⬆ 顯示命令歷程

輸入 ! 與列編號再按下 Enter 鍵就能執行對應的命令。

```
$ !12 Enter     ◀ 輸入 !、1、2 再按下 Enter 鍵
```

▼

```
echo hello world     ◀ 就會自動輸入 Enter 鍵，執行對應的命令
```

33-3 歷史記錄功能搭配快捷鍵使用

到目前為止已説明了利用歷史記錄功能執行之前輸入過的命令，但其實更多的是先利用歷史記錄功能叫出命令，然後稍微修改一下命令內容再執行的情況，所以接下來要介紹一些能在此時派上用場的快捷鍵。

想先利用 ↑ 或 ↓ 叫出曾輸入的命令，再修正內容的時候，若能讓滑鼠游標在命令列自由移動就能快速修正內容，例如按住 Ctrl 鍵再按下 a 鍵，就能讓滑鼠游標跳至列首，按住 Alt 鍵再按下 f 鍵或 b 鍵能讓滑鼠游標在單字之間移動，也可以先按下 Esc 鍵再按下 f 或 b 鍵執行相同的功能。

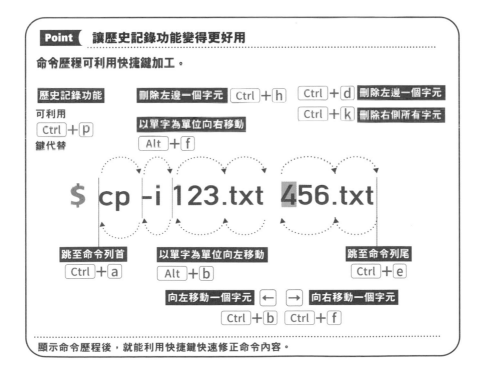

Point　讓歷史記錄功能變得更好用

命令歷程可利用快捷鍵加工。

顯示命令歷程後，就能利用快捷鍵快速修正命令內容。

34 以別名新增命令（命令別名設定功能）

命令別名設定功能可替現有的命令設定別名，這個別名也能加上選項再使用。

34-1 使用別名

ls 命令是很常加上選項 **−l**，以「**ls　−l**」的方式使用的命令，但每次都要這樣重複輸入卻很麻煩。此時可利用**命令別名設定功能**解決這個問題。接下來就為大家介紹 **alias** 命令。

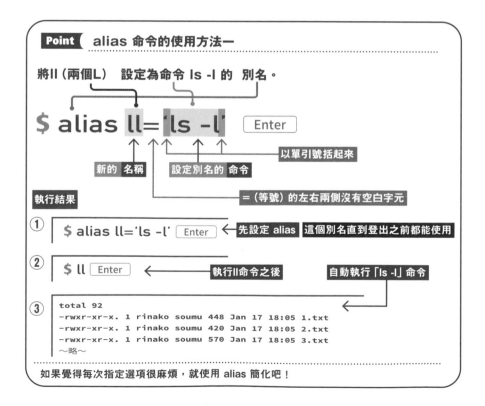

Point　**alias 命令的使用方法一**

將ll（兩個L）設定為命令 ls -l 的 別名。

$ alias ll='ls -l' Enter

新的 名稱　設定別名的 命令　以單引號括起來

＝（等號）的左右兩側沒有空白字元

執行結果

① $ alias ll='ls -l' Enter ← 先設定 alias 這個別名直到登出之前都能使用

② $ ll Enter　執行ll命令之後　自動執行「ls -l」命令

③
```
total 92
-rwxr-xr-x. 1 rinako soumu 448 Jan 17 18:05 1.txt
-rwxr-xr-x. 1 rinako soumu 420 Jan 17 18:05 2.txt
-rwxr-xr-x. 1 rinako soumu 570 Jan 17 18:05 3.txt
～略～
```

如果覺得每次指定選項很麻煩，就使用 alias 簡化吧！

34-2 命令名稱相同或是想解除別名的情況

接著是將常用的命令與選項設定（命令別名設定功能）為原始命令的
範例。

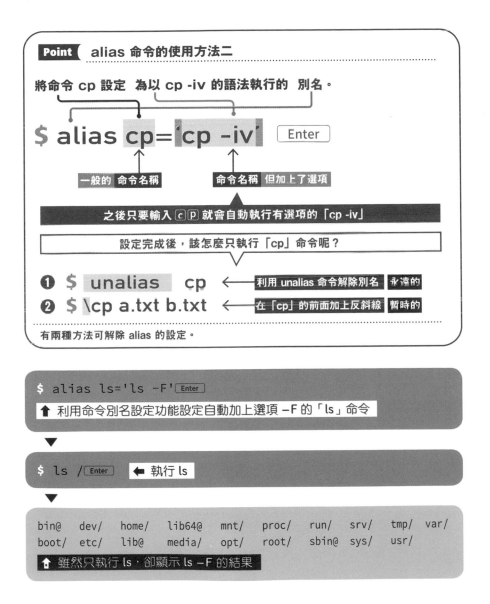

Point alias 命令的使用方法二

將命令 cp 設定 為以 cp -iv 的語法執行的 別名。

$ alias cp='cp -iv' Enter

一般的 命令名稱　　命令名稱 但加上了選項

之後只要輸入 cp 就會自動執行有選項的「cp -iv」

設定完成後，該怎麼只執行「cp」命令呢？

❶ $ unalias cp ← 利用 unalias 命令解除別名 永遠的

❷ $ \cp a.txt b.txt ← 在「cp」的前面加上反斜線 暫時的

有兩種方法可解除 alias 的設定。

```
$ alias ls='ls -F' Enter
```
↑ 利用命令別名設定功能設定自動加上選項 −F 的「ls」命令

▼

```
$ ls / Enter   ← 執行 ls
```

▼

```
bin@    dev/    home/   lib64@   mnt/    proc/   run/    srv/    tmp/   var/
boot/   etc/    lib@    media/   opt/    root/   sbin@   sys/    usr/
```
↑ 雖然只執行 ls，卻顯示 ls −F 的結果

35

變更命令提示字元
（shell 變數的相關內容）

要變更命令提示字元可設定 Shell 變數 PS1。Linux 開放讓使用者以這種 Shell 變數自訂環境。

35-1 利用 Shell 變數 PS1 變更命令提示字元

Shell 變數 PS1 可將命令提示字元變更為簡單易懂的字元。若能先了解特殊符號，這部分的設定就會簡單許多。

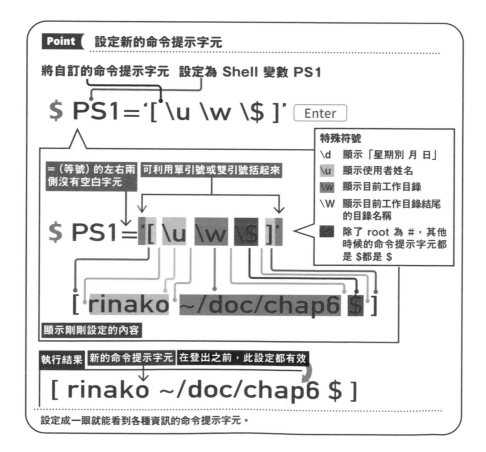

Point　設定新的命令提示字元

將自訂的命令提示字元　設定為 Shell 變數 PS1

$ PS1='[\u \w \$]'　Enter

特殊符號

\d　顯示「星期別 月 日」
\u　顯示使用者姓名
\w　顯示目前工作目錄
\W　顯示目前工作目錄結尾的目錄名稱
\$　除了 root 為 #，其他時候的命令提示字元都是 $都是 $

＝（等號）的左右兩側沒有空白字元　可利用單引號或雙引號括起來

$ PS1='[\u \w \$]'

[rinako ~/doc/chap6 $]

顯示剛剛設定的內容

執行結果　新的命令提示字元　在登出之前，此設定都有效

[rinako ~/doc/chap6 $]

設定成一眼就能看到各種資訊的命令提示字元。

除了特殊符號之外，也能將一般的字元設定為命令提示字元。

$ PS1='(^-^)' `Enter` ◀ 將命令提示字元設定為表情符號

▼

(^-^) ◀ 光是這樣設定，心情就變得很好。真讓人覺得不可思議

35-2 何謂 Shell 變數？

Shell 變數就是交給 Shell 這位祕書的備忘資料。將備忘資料寫在左側
（Shell 變數名稱），再將設定寫在右側即可。要注意的是，與用來連接
左右兩側式子的「＝」（等號）之間，絕對不能插入空白字元。

35-3 Shell 變數 PATH 的功能

接著,讓我們看看除了 PS1 之外,具代表性的 Shell 變數。

Shell 變數 **PATH** 可指定 Shell 從哪個目錄執行命令,有些發行版會預設這個目錄。

如果每次執行命令或程式都得輸入命令或程式的儲存位置,那可是件很麻煩的事,此時,若是先將命令或程式的目錄指定給 Shell 變數 PATH,之後不管目前工作目錄為何,都能執行常用的命令。

PATH 的內容可利用 **echo** 命令(參考第 7 章的『38』)確認。

$ echo $PATH [Enter]

⬆ 使用 echo 的時候,必須在 Shell 變數的開頭加上「$」

▼

/usr/local/bin:/bin:/usr/bin:/usr/local/sbin:/usr/sbin:/home/
rinako/.local/bin:/home/rinako/bin

⬆ 顯示以「:」(冒號)間隔的絕對路徑

PATH 的絕對路徑雖然是以「:」(冒號)連接,但如果要在 Shell 變數 **PATH** 新增目錄,可如下指定目錄。

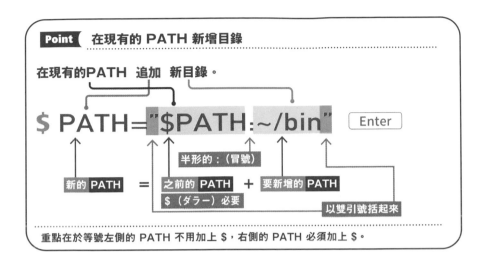

Point 在現有的 PATH 新增目錄

在現有的**PATH** 追加 新目錄。

$ PATH="$PATH:~/bin" [Enter]

新的 **PATH** = 之前的 **PATH** + 要新增的 **PATH**

半形的：（冒號）

$（ダラー）必要

以雙引號括起來

重點在於等號左側的 PATH 不用加上 $，右側的 PATH 必須加上 $。

35-4 利用變數 LANG 設定環境語言

由於世界每個角落都有使用者使用 Linux，所以 Linux 支援英文、中文以及各種環境語言，而且隨時都能切換環境語言。可設定環境語言的是 **locale**，其中儲存了國家、語言、文字編碼、貨幣單位與日期格式。

要確認 locale 可使用 Shell 變數 **LANG**。

$ echo $LANG [Enter]

↑ 利用 echo 顯示 Shell 變數的內容時，別忘了在開頭加上 $

▼

en_US.UTF-8 ← locale 為英語

如果 bash 的訊息不是中文，可利用變數 **LANG** 重新設定。

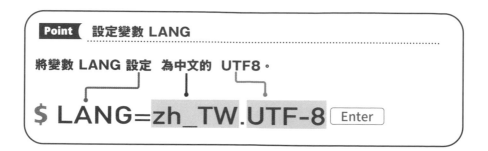

Point 設定變數 LANG

將變數 LANG 設定 為中文的 UTF8。

$ LANG=zh_TW.UTF-8 `Enter`

設定完成後，環境語言會立刻變更。若想還原為英語環境可執行
「LANG=en_US.UTF-8」。

① 注意

本書的學習環境與中文顯示

本書的學習環境未安裝中文化套件，所以執行「LANG=zh_TW.UTF-8」也無法切換成中文模式。

36 shell 變數的機制與運作方式

除了 Shell 變數之外，也可利用環境變數設定 Linux 環境。

36-1 內建命令與外部命令

Linux 的命令大致可分成內建命令或外部命令。

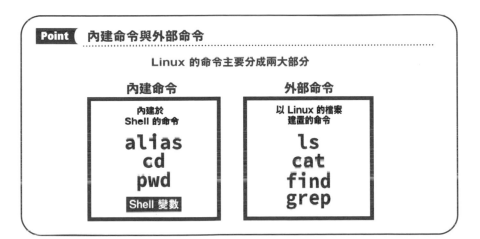

Point 內建命令與外部命令

Linux 的命令主要分成兩大部分

內建命令	外部命令
內建於 Shell 的命令	以 Linux 的檔案建置的命令
alias cd pwd	ls cat find grep
Shell 變數	

使用 **help** 命令可列出內建命令。

```
$ help  Enter
```

要確認是內建命令還是外部命令可使用 **type** 命令。一旦執行 **type** 命令，外部命令會顯示執行檔的路徑。

6

使用 Shell 的實用功能

```
$ type find  Enter
```
← 試著確認 find 的類型

```
find is /bin/find
```
← 原來 find 是外部命令啊

如果是 **cd** 這種內建命令，就會顯示「cd is a shell builtin」的訊息。

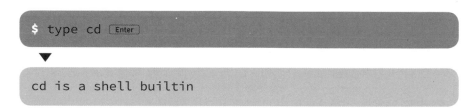

```
$ type cd  Enter
```

```
cd is a shell builtin
```

36-2 Shell 變數與環境變數

啟動其他的 Shell 或是應用程式的命令是無法瀏覽 Shell 變數（正確來說是變數值）的，此時若先將變數指定給環境變數，就能瀏覽 Shell 變數的值。

要設定環境變數可使用 **export** 命令。

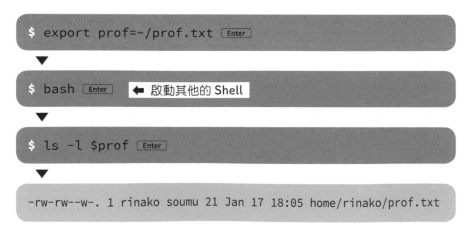

```
$ export prof=~/prof.txt  Enter
```

```
$ bash  Enter
```
← 啟動其他的 Shell

```
$ ls -l $prof  Enter
```

```
-rw-rw--w-. 1 rinako soumu 21 Jan 17 18:05 home/rinako/prof.txt
```

要確認目前設定了哪些環境變數可執行 **printenv** 命令。

```
$ printenv  Enter
```

▼

```
XDG_VTNR=1
XDG_SESSION_ID=1
HOSTNAME=localhost.localdomain
TERM=linux
SHELL=/bin/bash
HISTSIZE=1000
USER=rinako
～省略～
MAIL=/var/spool/mail/rinako
PATH=/usr/local/bin:/bin:/usr/bin:/usr/local/sbin:/usr/sbin:/home/
rinako/.local/bin:/home/rinako/bin
PWD=/home/rinako
LANG=en_US.UTF-8
HISTCONTROL=ignoredups
SHLVL=1
XDG_SEAT=seat0
HOME=/home/rinako
LOGNAME=rinako
LESSOPEN=||/usr/bin/lesspipe.sh %s
XDG_RUNTIME_DIR=/run/user/1000
_=/bin/printenv
```

↑ 預設的環境變數有很多，無法全部顯示，所以本書僅列出局部內容

6

使用 Shell 的實用功能

36-3 bash 的選項

一如命令有選項可以設定，bash 也有選項可以設定。bash 的選項可利用 **set** 命令設定。

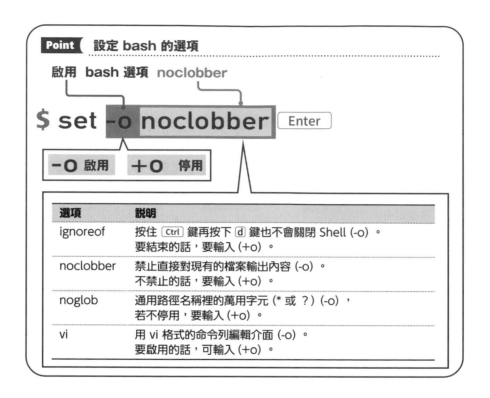

shopt 命令也可設定 bash 的選項。

比方説執行「shopt –s autocd」，之後在命令提示字元（位於目前工作目錄的情況）輸入目錄名稱，就會自動移動到該目錄。要解除這項功能可執行「shopt –u autocd」。

37 設定成隨時可使用偏好設定的環境（環境設定檔案）

就算設定了偏好的環境，只要一結束 bash，所有的設定就會消失。如果想每次登入都使用偏好的設定，就必須建置 bash 的設定檔。

37-1 建置 bash 的設定檔

到目前為止，變數都是從命令提示字元設定，但如果將這些變數的設定儲存為檔案，就能在登入時自動套用這些設定。

```
# .bashrc

# Source global definitions
if [ -f /etc/bashrc ]; then
        . /etc/bashrc
fi

# Uncomment the following line if you don't like systemctl's auto-
paging feature:
# export SYSTEMD_PAGER=

# User specific aliases and functions
```

上面這段內容是 CentOS 為了一般使用者內建的 .bashrc 檔案。

要設定環境偏好設定可編輯這個檔案。

37-2 在編輯 .bashrc 之前一定要做的事

在編輯 .bashrc 檔案前請先備份檔案，以免發生預料之外的問題。

6

使用 Shell 的實用功能

```
$ ls -a ~/.bashrc Enter    ← 確認有沒有 .bashrc。必須加上選項 -a
```

```
/home/rinako/.bashrc    ← 找到 .bashrc 了
```

```
$ cp ~/.bashrc ~/.bashrc.org Enter
↑ 將檔案備份為「.bashrc.org」
```

```
$ vi ~/.bashrc Enter    ← 利用 vi 編輯器開啟檔案,加入自己的設定
```

想新增的設定可寫在「# User specific aliases and functions」下一列。

加入常用的環境變數,例如下列的設定,整個操作環境就會變得更順手。

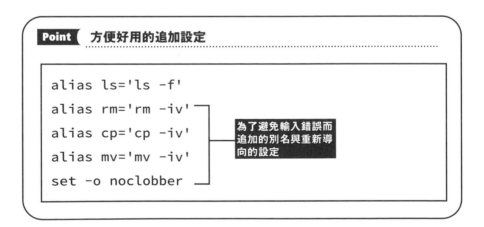

Point 方便好用的追加設定

```
alias ls='ls -f'
alias rm='rm -iv'
alias cp='cp -iv'
alias mv='mv -iv'
set -o noclobber
```

為了避免輸入錯誤而追加的別名與重新導向的設定

問題 1

將來自使用者的要求傳遞給 Linux 系統，同時顯示系統訊息的程式是下列何者？

ⓐ Messenger

ⓑ Shell

ⓒ 管線

ⓓ Interpreter

問題 2

若想顯示副檔案為「txt」的所有檔案，該如何使用萬用字元？

ⓐ ls *.txt

ⓑ ls !.txt

ⓒ ls ?.txt

ⓓ ls $.txt

問題 3

從命令列輸入檔案名稱的時候，輸入開頭的幾個字，希望自動輸入後續的字元時，可按下哪個按鍵？

ⓐ [Esc] 鍵

ⓑ [Space] 鍵

ⓒ [Ctrl] 鍵

ⓓ [Tab] 鍵

問題 4

輸入命令時，可利用上下的方向鍵呼叫之前使用過的命令，這項功能稱為？

ⓐ System Call

ⓑ Driver

ⓒ Script

ⓓ History

問題 5

預先儲存 Shell 設定資訊的位置稱為？

問題 6

若想將英文模式的 Linux 系統切換成中文模式，必須定義哪個環境變數？

解 答

問題 **1** 解答

正確答案是 ⓑ 的 Shell。

為使用者與 Linux（核心）搭起橋樑的是 Shell。Linux 雖然內建了 bash 這個 S hell，但可以使用其他的 Shell。

問題 **2** 解答

正確答案是 ⓐ 的 ls *.txt。

*（星號）可代表任何長度與內容的字串，可於搜尋檔案名稱或於各種文字處理工具搜尋字串時使用，是非常方便好用的功能。

問題 **3** 解答

正確答案是 ⓓ 的 [Tab] 鍵。

一時想不起檔案名稱或是不想輸入太長的檔案名稱時，可使用方便的自動輸入功能。要注意的是，大寫與小寫英文字母被視為不同的字母。

問題 4 解答

正確答案是 ⓓ 的 History（命令歷程）功能。

若要重複輸入相同的命令可使用 History 功能節省麻煩。

問題 5 解答

正確答案為 Shell 變數。

Shell 變數可解釋為預先儲存 Shell 設定資訊的位置，其中可從外部參照的是環境變數，例如有些的程式會在執行時參照環境變數。

問題 6 解答

正確答案為環境變數 LANG。

從命令提示字元執行「LANG=zh_TW.UTF-8」即可切換成中文模式，只是沒有事先安裝中文環境，執行這項命令也不會切換成中文模式。

第 7 章　越用越順手的絕招

38

方便的命令 ① (echo 、 wc 、 sort 、 head 、 tail 、 grep)

接著為大家介紹 Linux 的主要命令。這次介紹的是 echo、wc、sort、head、tail、grep 這六個命令。

38-1 顯示文字

echo 命令可於畫面顯示以參數指定的文字。事不宜遲，讓我們試著顯示「Hello」這個字串吧！

Point　echo 命令的使用方法

在畫面顯示　以參數指定的文字。

$ echo Hello 〔Enter〕

↑ 以參數指定的文字

輸出結果

Hello ← 顯示指定給參數的文字了

$ echo Hello World 〔Enter〕

↑ 兩個以上的單字可利用空白字元間隔

▼

Hello World ← 畫面上的兩個單字以空白字元間隔了

Shell 變數（參考第 6 章的『35-3』）的內容也可利用 **echo** 命令檢視。

```
$ echo $PATH  Enter
```
⬆ 顯示變數 PATH 的值

▼

```
/usr/local/bin:/bin:/usr/bin:/usr/local/sbin:/usr/sbin:/
home/rinako/.local/bin:/home/rinako/bin
```

本章後續的操作都以 /home/rinako/doc/chap7 作為目前工作目錄，
所以請先利用 **cd** 命令移動到該目錄。

```
$ cd ~/doc/chap7  Enter
```
⬆ ～代表個人目錄

38-2 計算字數與列數

wc 命令可計算檔案內容的列數、單字數與位元數。

Point **wc 命令的使用方法**

顯示檔案的 列數、單字數、位元數、檔案名稱。

```
$ wc nikki.txt  Enter
```

輸出結果

140	1220	6413	nikki.txt
⬆ 列數	⬆ 單字數	⬆ 位元數	⬆ 檔案名稱

wc 命令常搭配管線功能（參考本章的『41』）使用。

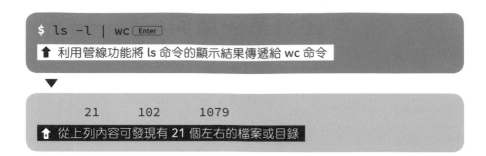

```
$ ls -l | wc Enter
```
⬆ 利用管線功能將 ls 命令的顯示結果傳遞給 wc 命令

▼

```
    21      102      1079
```
⬆ 從上列內容可發現有 21 個左右的檔案或目錄

38-3 排序檔案的內容

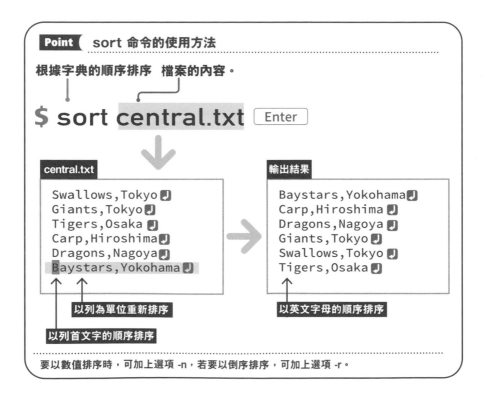

Point sort 命令的使用方法

根據字典的順序排序　檔案的內容。

```
$ sort central.txt  Enter
```

central.txt
```
Swallows,Tokyo
Giants,Tokyo
Tigers,Osaka
Carp,Hiroshima
Dragons,Nagoya
Baystars,Yokohama
```

輸出結果
```
Baystars,Yokohama
Carp,Hiroshima
Dragons,Nagoya
Giants,Tokyo
Swallows,Tokyo
Tigers,Osaka
```

以列為單位重新排序

以列首文字的順序排序

以英文字母的順序排序

要以數值排序時，可加上選項 -n，若要以倒序排序，可加上選項 -r。

sort 命令能以列為單位排序文字，一般來說，這個**排序**命令都是根據字典的順序（英文字母順序）排序，但加上選項 **−r** 即可根據倒序排序。

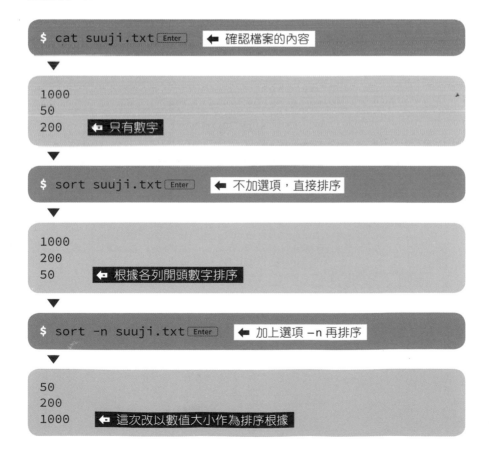

```
$ sort -r central.txt Enter    ← 加入選項 -r
```

▼

```
Tigers,Osaka
Swallows,Tokyo
Giants,Tokyo
Dragons,Nagoya
Carp,Hiroshima
Baystars,Yokohama    ← 以倒序排序了
```

排序數值時，有一點要特別注意，那就是不想以開頭的數字由小排序至大，而是想以數值的大小從小排序至大（包含小數點與負數）時，可加上選項 -n。

```
$ cat suuji.txt Enter    ← 確認檔案的內容
```

▼

```
1000
50
200    ← 只有數字
```

▼

```
$ sort suuji.txt Enter    ← 不加選項，直接排序
```

▼

```
1000
200
50    ← 根據各列開頭數字排序
```

▼

```
$ sort -n suuji.txt Enter    ← 加上選項 -n 再排序
```

▼

```
50
200
1000    ← 這次改以數值大小作為排序根據
```

38-4 顯示檔案開頭或結尾的 10 列資料

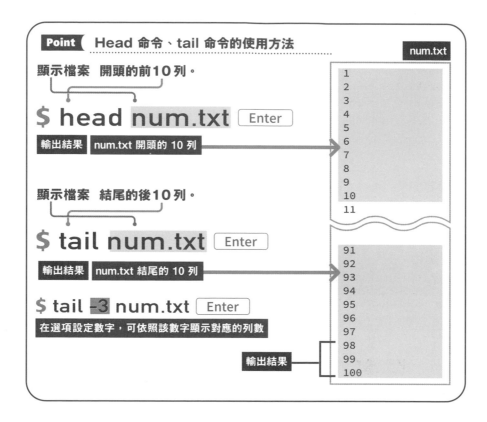

head 命令預設顯示檔案開頭前 10 列，**tail** 則是顯示結尾的 10 列。
若於選項指定數字，就會依照該數字顯示對應的列數。

38-5 從檔案篩選出含有關鍵字的列

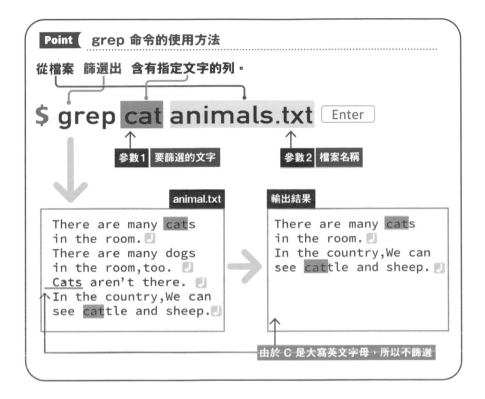

Point grep 命令的使用方法

從檔案 篩選出 含有指定文字的列。

$ grep cat animals.txt Enter

參數1 要篩選的文字

參數2 檔案名稱

animal.txt

```
There are many cats
in the room.
There are many dogs
in the room,too.
Cats aren't there.
In the country,We can
see cattle and sheep.
```

輸出結果

```
There are many cats
in the room.
In the country,We can
see cattle and sheep.
```

由於 C 是大寫英文字母，所以不篩選

grep 命令可從指定的檔案找出目標字串，並且顯示含有該字串的列。後續也會稍微說明能以正規表示式（參考本章的『42』）搜尋的 **egrep** 命令。

```
$ grep -i cat animals.txt Enter
```
↑ 加上選項 -i，就能同時搜尋大寫與小寫的英文字母

▼

```
There are many cats in the room.
Cats aren't there.
In the county,We can see cattle and sheep.
```
↑ 這次顯示 3 列的結果了

39 方便的命令 ② (find)

find 可根據檔案名稱或建立時間尋找檔案。雖然設定很細膩卻也很複雜。

39-1 搜尋特定目錄內的檔案

要利用 **find** 命令透過檔案名稱搜尋檔案時，可在搜尋條件使用 **−name** 選項，中間插入空白字元再接上檔案名稱。**find** 選項也有「動作」（處理內容）的選項，但不一定要指定動作。比方說，若指定 **−print** 這個動作選項，就會在找到檔案的時候，順便顯示路徑。

Point | find 命令的使用方法：以檔案名稱搜尋

指定檔案名稱　搜尋　目前工作目錄底下的　檔案，　再顯示路徑。

$ find . -name nikki.html -print | Enter

搜尋的目錄名稱　　以檔案名稱搜尋　　檔案名稱　　動作

指定搜尋到檔案之後的處理。-print 是於螢幕輸出的意思，另外還有許多內建的動作。

jan

nikki.txt

1-10

nikki.html

chap7　april

memo.html

搜尋目前工作目錄

NIKKI.html

11-20　15

nikki.html

找到 nikki.html 了
（○ 括住的部分）

NIKKI.html

```
$ find . -name nikki.html -print Enter
```

▼

```
./april/1-10/nikki.html        ← 顯示輸出結果了
./april/11-20/15/nikki.html
```

上述的範例使用了代表目前工作目錄的「.」，但其實可利用相對路徑或絕對路徑指定。

也可如下同時指定多個要搜尋的目錄。

```
$ find ~/doc/chap6 . -name nikki.html -print Enter
```
↑ 可同時指定多個要搜尋的目錄

```
$ find ~/doc/chap6 . -iname nikki.html -print Enter
```
↑ –iname 的選項可在搜尋時，忽略大小寫英文字母的差異，所以連 NIKKI.html 都是搜尋對象

39-2 利用萬用字元搜尋

find 命令也可在檔案名稱插入萬用字元（參考第 6 章的『31』）。* 或 ?
這兩種萬用字元可幫助我們進行更靈活的搜尋。

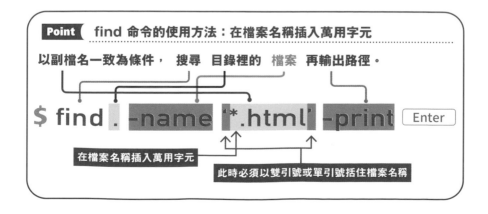

Point **find 命令的使用方法：在檔案名稱插入萬用字元**

以副檔名一致為條件， 搜尋 目錄裡的 檔案 再輸出路徑。

```
$ find . -name '*.html' -print    Enter
```

在檔案名稱插入萬用字元

此時必須以雙引號或單引號括住檔案名稱

39-3 只搜尋目錄

find 命令若指定選項 **−type** 就能指定要搜尋的檔案種類。

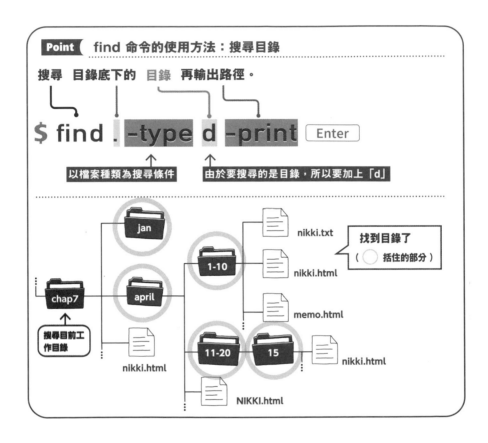

若進一步搭配 **−empty** 選項，還可搜尋空白的目錄。例如下面的範例會找到「jan」這個目錄。

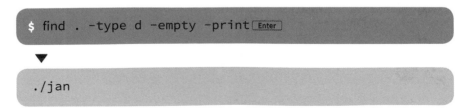

39-4 根據建立時間搜尋

find 命令若搭配選項 **-mtime** 執行,可根據檔案的建立時間搜尋檔案,不過日期的計算方式與數字的指定方式很複雜。

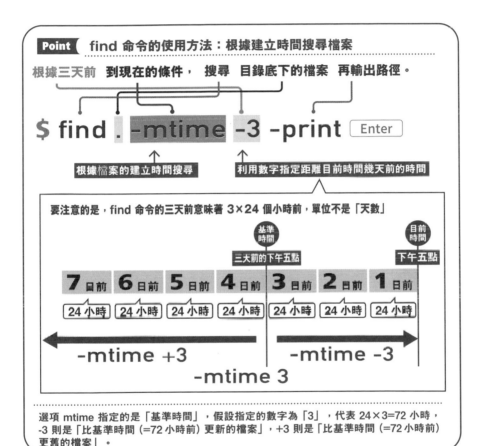

Point **find 命令的使用方法:根據建立時間搜尋檔案**

根據三天前 到現在的條件, 搜尋 目錄底下的檔案 再輸出路徑。

$ find . **-mtime** -3 -print [Enter]

根據檔案的建立時間搜尋

利用數字指定距離目前時間幾天前的時間

要注意的是,find 命令的三天前意味著 3×24 個小時前,單位不是「天數」

| 基準時間 | | | | | | 目前時間 |

三天前的下午五點 / 下午五點

7日前 **6**日前 **5**日前 **4**日前 **3**日前 **2**日前 **1**日前

24小時 24小時 24小時 24小時 | 24小時 24小時 24小時

-mtime +3 ◄─── / ───► -mtime -3

-mtime 3

選項 mtime 指定的是「基準時間」,假設指定的數字為「3」,代表 24×3=72 小時,-3 則是「比基準時間 (=72 小時前) 更新的檔案」,+3 則是「比基準時間 (=72 小時前) 更舊的檔案」。

💡 **冷知識**

建立時間、更新時間、存取時間
檔案或目錄的新增時間稱為建立時間,更新的時間稱為更新時間,最後存取的時間稱為存取時間,Linux 會分別記錄這三個時間。

40
變更標準輸入與標準輸出
（重新導向）

簡易版的 Linux 會在透過鍵盤輸入命令後，直接在螢幕輸出結果，但其實這個模式可以調整。

40-1 將標準輸出變更為檔案

從鍵盤輸入的模式稱為**標準輸入**，於螢幕輸出的模式稱為**標準輸出**。這是因為我們已經習慣從鍵盤輸入文字，習慣結果於螢幕輸出，所以才稱這一連串過程為標準輸入與標準輸出，不過這種輸入與輸出方式是可以變更的。

變更輸入與輸出方式的功能稱為**重新導向**，接著，試著使用 > 符號將輸出結果轉存為檔案，而不是輸出至螢幕。

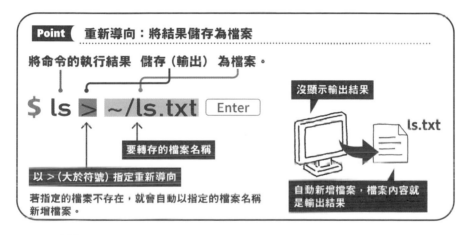

Point **重新導向：將結果儲存為檔案**

將命令的執行結果 儲存（輸出）為檔案。

$ ls > ~/ls.txt [Enter]

要轉存的檔案名稱

以 >（大於符號）指定重新導向

若指定的檔案不存在，就會自動以指定的檔案名稱新增檔案。

沒顯示輸出結果

ls.txt

自動新增檔案，檔案內容就是輸出結果

---

ls [Enter]　← 執行 ls 命令

▼

```
1.txt        april   central.txt   hon3.txt   hon6.txt   money.txt   num.txt
2.txt        a.txt   file1.txt     hon4.txt   hon.txt    NIKKI.txt   suuji.txt
animals.txt  b.txt   hon2.txt      hon5.txt   jan        nikki.txt
```
↑ 顯示結果了

▼

$ ls > ~/ls.txt [Enter]　　← 執行重新導向。不會顯示輸出結果

▼

$ cat ~/ls.txt [Enter]　← 利用 cat 命令瀏覽檔案的內容

▼

```
1.txt
2.txt
animals.txt
april
a.txt
b.txt
central.txt
file1.txt
hon2.txt
hon3.txt
hon4.txt
hon5.txt
hon6.txt
hon.txt
jan
money.txt
NIKKI.html
nikki.txt
num.txt
suuji.txt        ← 檔案內容與在螢幕顯示的結果一樣
```

40-2 將標準輸出的結果新增至檔案

以 >> 取代＞（大於符號）可將輸出結果新增至既有的檔案裡。

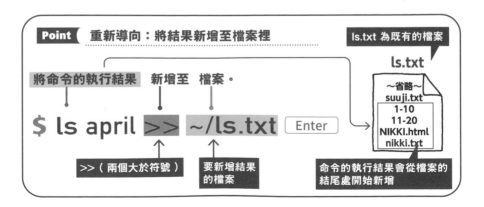

```
$ ls april [Enter]    ← 利用 ls 命令瀏覽 april 目錄
```

```
1-10    11-20    NIKKI.html    nikki.txt    ← 顯示結果了
```

```
$ ls april >> ~/ls.txt [Enter]    ← 新增結果至檔案
```

```
$ cat ~/ls.txt [Enter]    ← 利用 cat 命令瀏覽檔案內容
```

```
1.txt
2.txt
animals.txt
april
a.txt
b.txt
central.txt
file1.txt
hon2.txt
hon3.txt
hon4.txt
hon5.txt
hon6.txt
hon.txt
jan
money.txt
NIKKI.html
nikki.txt
num.txt
suuji.txt
1-10
11-20
NIKKI.html
nikki.txt    ← 從結尾處新增輸出結果了
```

40-3 將標準輸入變更為檔案

這次讓我們試著將標準輸入從鍵盤改成檔案。要重新導向標準輸入可使用 < 符號。

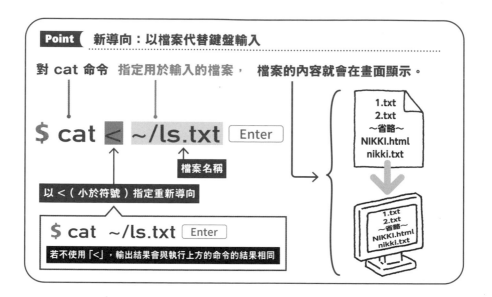

40-4 輸出錯誤輸出

不小心輸入錯誤的指令,螢幕會顯示「No such file or directory」這類錯誤訊息。Linux 的錯誤訊息與一般的輸出不同。預設為輸出錯誤的螢幕屬於**標準錯誤輸出**,若使用 **2>** 代替 >,就能重新導向標準錯誤輸出。

```
$ ls /abcdefg 2> ~/error.txt  [Enter]
```
↑ 利用 ls 命令存取不存在的目錄，同時變更標準錯誤輸出

▼

```
$
```
◄ 雖然是錯誤，但畫面什麼都不會顯示

▼

```
$ cat ~/error.txt  [Enter]
```
◄ 利用 cat 命令瀏覽檔案的內容

▼

```
ls: cannot access /abcdefg: No such file or directory
```
↑ 檔案儲存了錯誤訊息

💡 冷知識

標準輸入與標準輸出

除了 Linux，許多執行命令的 Shell 或 OS 都採用了標準輸入、標準輸出這個概念，若能先掌握這個概念，就能更靈活地使用命令。「標準」這個字眼或許讓人覺得有點難懂，但其實就是「不用多管，也會自動使用的輸出與輸入」的意思。

以 cat 命令為例，一般我們在使用這個命令時，都會加上檔案名稱，如果什麼都不加，只輸入「cat」，畫面不會有任何反應，只會轉換成「等待輸入」的狀態。這是因為系統正在等待來自標準輸入的輸入內容，此時輸入文字再按下 [Enter] 鍵，就能在畫面顯示標準輸入的內容（要結束可按下 [Ctrl]+[Z] 鍵），這就是以標準輸出的方式輸出內容。

除了 cat 命令之外，許多命令都會以標準輸出的方式輸出結果，而標準輸出通常是螢幕，所以我們才能看得到命令的操作結果。

41 使用管線功能提升效率

重新導向（參考前一節的『40』）可將標準輸出從螢幕改為檔案。這次要試著透過管線功能有效率地使用輸出結果。

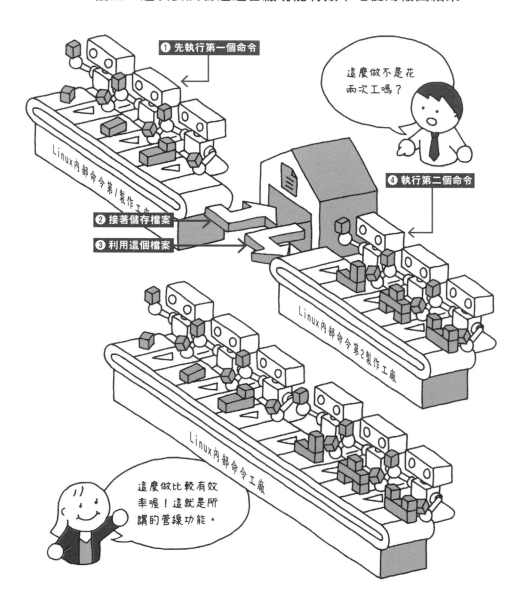

① 先執行第一個命令

② 接著儲存檔案

③ 利用這個檔案

④ 執行第二個命令

這麼做不是花兩次工嗎？

這麼做比較有效率喔！這就是所謂的管線功能。

Linux 內部命令第 1 製作工廠

Linux 內部命令第 2 製作工廠

Linux 內部命令工廠

41-1 使用管線功能

管線功能可將命令的標準輸出結果傳遞給命令的標準輸入，就像是利用管線將命令串在一起。

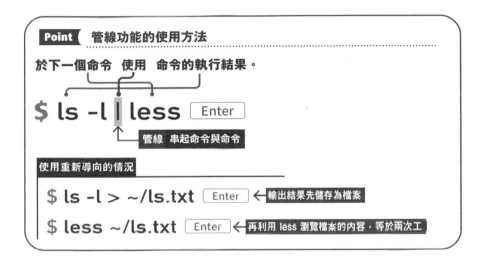

管線功能可將命令寫成一行，更有效率地執行多個命令。若要以重新導向功能得到相同的結果，必須先建立檔案，再使用檔案，算是比較費工的方式。

最常與管線功能搭配使用的是 **wc** 命令（參考『38-2』）。

```
$ grep cat animals.txt | wc Enter
```

管線可同時使用一個或多個以上。

```
$ ls -l | cat -n | less Enter
```
↑ 使用了兩次管線

正規表示式的第一步

正規表示式是常用於搜尋、取代文字的功能。在此要透過 egrep 命令介紹很實用的正規表示式功能。

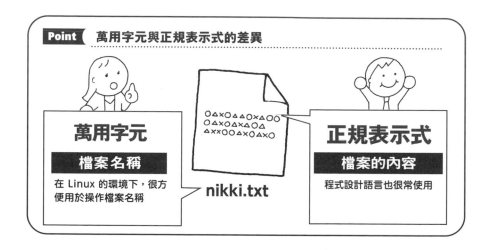

Point 萬用字元與正規表示式的差異

萬用字元

檔案名稱

在 Linux 的環境下，很方便使用於操作檔案名稱

nikki.txt

正規表示式

檔案的內容

程式設計語言也很常使用

42-1 grep + 正規表示式 = 使用 egrep

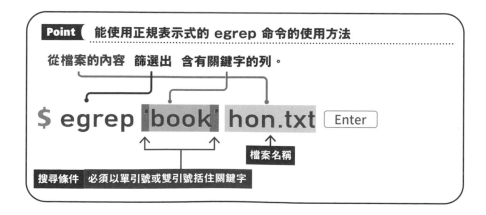

Point 能使用正規表示式的 egrep 命令的使用方法

從檔案的內容　篩選出　含有關鍵字的列。

```
$ egrep 'book' hon.txt
```
Enter

檔案名稱

搜尋條件　必須以單引號或雙引號括住關鍵字

很遺憾的是，CentOS 內建的 **grep** 命令無法使用正規表示式，所以這次要透過與 grep 功能相同，又能使用正規表示式的 **egrep** 命令學習特殊字元的使用方法。

42-2 要使用正規表示式必須使用特殊字元

正規表示式可利用具有特殊意義的**特殊字元**撰寫。

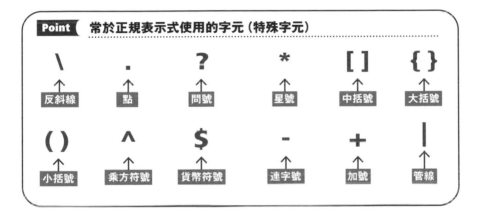

特殊符號之一的「.」（點）可代表任何一個字元（參考『42-4』），若要在正規表示式使用，可寫成下列的內容。

```
$ egrep 'b..k' hon.txt [Enter]
```
↑ 從 hon.txt 篩出第一個字為 b，最後一個字為 k，長度為 4 個字的字串

如果要使用的是特殊符號原本的意義，而不是正規表示式裡的意義，可在特殊符號的前面加上 \（反斜線）。下面是以「.」為例子。

```
$ egrep '100\.5' money.txt [Enter]
```
↑ 從 money.txt 篩出含有「100.5」的列

42-3 驗證存在與否的「？」（問號）

特殊符號的「？」（問號）可驗證前一個文字是否存在。

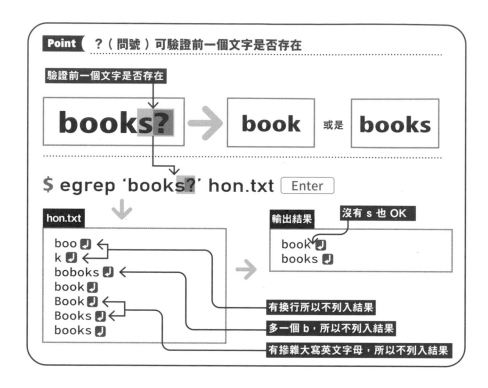

egrep 命令與 **grep** 命令一樣，可利用選項 –i（小寫）忽略大小寫英文字母的差異。

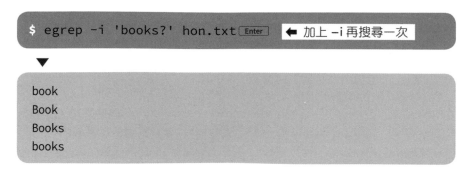

42-4 代替半形字元的「.」（點）

能代替任何一個半形字元的是「.」（點），但中間不能換行。

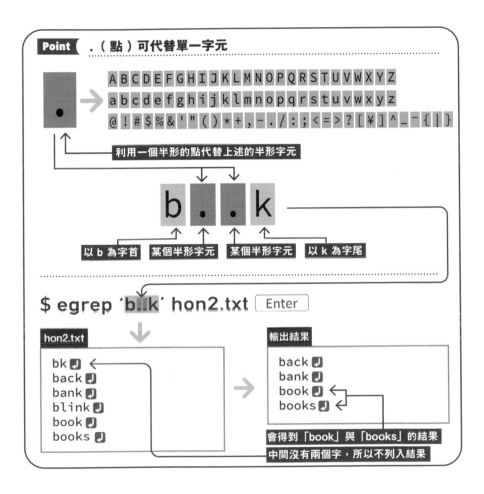

Point .（點）可代替單一字元

```
ABCDEFGHIJKLMNOPQRSTUVWXYZ
abcdefghijklmnopqrstuvwxyz
@!#$%&'"()*+,-./:;<=>?[¥]^_-`{|}
```

利用一個半形的點代替上述的半形字元

b . . k

以 b 為字首　某個半形字元　某個半形字元　以 k 為字尾

```
$ egrep 'b..k' hon2.txt  Enter
```

hon2.txt
```
bk ↵
back ↵
bank ↵
blink ↵
book ↵
books ↵
```

輸出結果
```
back ↵
bank ↵
book ↵
books ↵
```

會得到「book」與「books」的結果

中間沒有兩個字，所以不列入結果

42-5 可代替多個字元的 * （星號）

*（星號）可用來代替 0 個以上的連續半形字元，而且重點在於「0 個」。

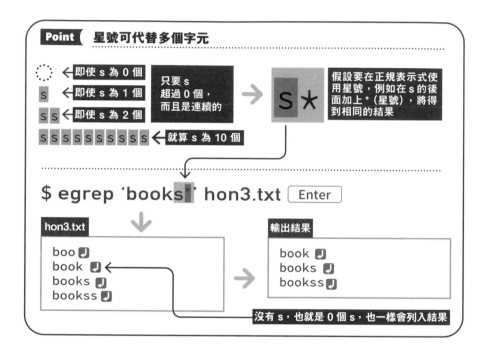

此外，要搜尋以「b」為字首，以「s」為字尾，而且長度超過「3 個字」以上的字串時，可輸入下列的命令。

42-6 統整單一候選字元的 [ ]（中括號）

如果有許多候選的單一字元，可利用 [ ] 括住這些字元。

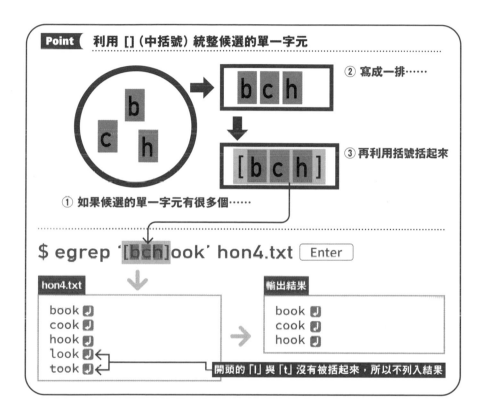

Point 利用 [ ]（中括號）統整候選的單一字元

② 寫成一排……

b c h

③ 再利用括號括起來

[b c h]

① 如果候選的單一字元有很多個……

$ egrep '[bch]ook' hon4.txt Enter

hon4.txt

book ↵
cook ↵
hook ↵
look ↵
took ↵

輸出結果

book ↵
cook ↵
hook ↵

開頭的「l」與「t」沒有被括起來，所以不列入結果

如果在 [ ] 的開頭加上「^」（乘方符號），就可排除這些字元，例如下列的命令將排除「b、c、h」這三個字元。

```
$ egrep '[^bch]ook' hon4.txt Enter
```

↑ 搜尋第一個字不是 b、c、h，後續為「ook」的字串

▼

```
look
took    ← 排除上述的字元後，得到這 2 個結果
```

42-7 省略候選的單一文字

撰寫命令時，可一次統整多個單一文字，但是一次統整太多個，命令又會變得很複雜，所以在此內建了一些常見的省略寫法。

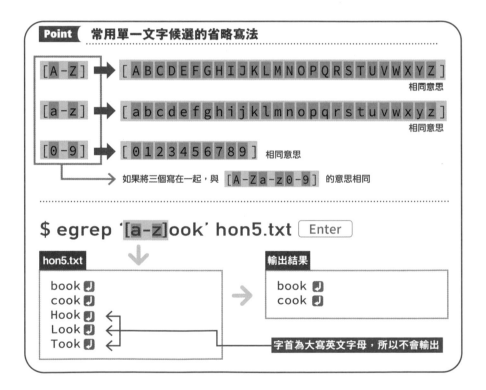

Point　常用單一文字候選的省略寫法

[A-Z] ➡ [A B C D E F G H I J K L M N O P Q R S T U V W X Y Z]
相同意思

[a-z] ➡ [a b c d e f g h i j k l m n o p q r s t u v w x y z]
相同意思

[0-9] ➡ [0 1 2 3 4 5 6 7 8 9]　相同意思

　　　　→ 如果將三個寫在一起，與 [A-Za-z0-9] 的意思相同

$ egrep '[a-z]ook' hon5.txt 　Enter

hon5.txt
```
book ↵
cook ↵
Hook ↵ ←
Look ↵ ←
Took ↵ ←
```

輸出結果
```
book ↵
cook ↵
```

字首為大寫英文字母，所以不會輸出

$ egrep '[A-Za-z]ook' hon5.txt 　Enter
↑ 一旦將大寫英文字母列為候選的單一字元，就會輸出 hon5.txt 的所有內容

▼

```
book
cook
Hook
Look
Took
```

42-8 統整候選的單字

最後讓我們試著統整候選的單字。候選單字可利用｜（管線）間隔，再以（）（小括號）括起來。

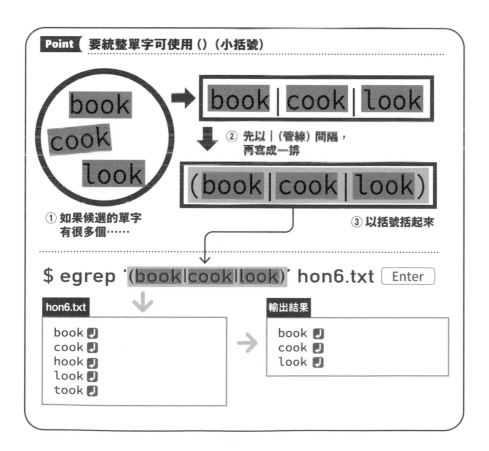

Point 要統整單字可使用 () （小括號）

book|cook|look

② 先以｜（管線）間隔，
再寫成一排

(book|cook|look)

① 如果候選的單字
有很多個……

③ 以括號括起來

$ egrep '(book|cook|look)' hon6.txt [Enter]

hon6.txt
```
book ↵
cook ↵
hook ↵
look ↵
took ↵
```

輸出結果
```
book ↵
cook ↵
look ↵
```

43 符號連結

Linux 也有類似 Windows 的「快捷鍵」與 macOS 的「Alias」這種替檔案取個別名的功能，名稱叫做「連結」。

符號連結為分身之術。

很適合用來操作檔案或目錄

43-1 硬連結與符號連結

Linux 的檔案都有名稱，但其實名稱可以有真名與別名，檔案的真名稱**為硬連結**，別名則稱為**符號連結**。

硬連結與符號連結可利用 **ln** 命令不斷新增，所以每個檔案都可擁有多個真名與別名。

其實 Linux 的檔案系統是以 **i 節點**管理檔案資訊，而硬連結就是複製這個 i 節點的連結，並非複製檔案本身，所以不管是哪個 i 節點都代表同一個檔案，一旦刪除某個硬連結，就等於刪除檔案本身。

不過使用多個猶如本名的硬連結其實會遇到很多麻煩的限制，所以較實際的做法是使用多個如別名般的符號連結，本書也將為大家說明建立符號連結的方法。

43-2 建立符號連結

要建立符號連結，在 **ln** 命令加上選項 **-s** 即可。

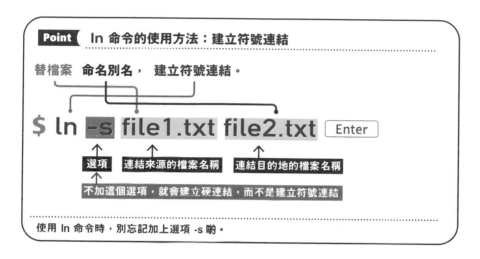

使用符號連結的重點在於不要變更連結來源的檔案的名稱。這點很容易忘記，請大家務必在使用時多留意喔。

```
$ ls -F file2.txt Enter    ← 利用帶有選項 –F 的 ls 顯示檔案
```

```
file2.txt@    ← 可發現檔案名稱的結尾處新增了代表符號連結的「@」
```

大家不妨把可在許多情況下使用的符號連結想像成 Windows 的自訂快捷鍵，擁有許多方便的功能，例如可快速存取檔案或是能輕鬆管理檔案這類優點，都是其中之一。

43-3 複製與刪除符號連結

複製符號連結就會複製連結來源的檔案。

```
$ cp file2.txt file3.txt Enter
↑ 將符號連結的 file2.txt 複製成 file3.txt
```

```
$ ls -F file3.txt Enter    ← 確認 file3.txt 的檔案類型
```

```
file3.txt*    ← 不是符號連結
```

符號連結可利用 **rm** 命令刪除，但不會對連結來源的檔案產生任何影響。

```
$ rm file2.txt Enter    ← 刪除符號連結
```

```
$ ls file1.txt Enter    ← 確認連結來源的檔案是否存在
```

```
file1.txt    ← 找到連結來源的檔案了
```

43-4 確認 i 節點與節點餘額的方法

我們是透過檔案名稱辨識檔案,但是核心只會先替檔案加上編號再加以分辨,而這個編號就是所謂的 **i 節點**(編號)。

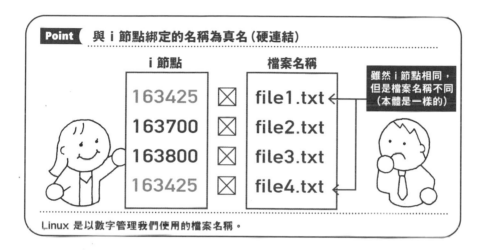

Point 與 i 節點綁定的名稱為真名(硬連結)

就算硬碟空間還夠,只要 i 節點的數量超過最大限制,就無法再新增檔案(不管是目錄還是符號連結,都無法新增)。要確認 i 節點的數量可在執行 **df** 命令時,加上選項 **-i**。

```
$ df -i  Enter
```

▼

```
Filesystem                Inodes IUsed   IFree IUse% Mounted on
devtmpfs                  123863   356  123507    1% /dev
tmpfs                     126853     1  126852    1% /dev/shm
tmpfs                     126853   472  126381    1% /run
tmpfs                     126853    16  126837    1% /sys/fs/
cgroup
/dev/mapper/centos-root  5134336 31522 5102814    1% /
～省略～
```

⬆「IFree」欄位的數字就是還可建立多少個檔案的餘額

44 封存、壓縮（gzip・tar）

不管是在 Windows 還是 macOS，最經典的壓縮格式莫過於 zip，那麼 Linux 的壓縮格式又有哪些呢？

44-1 封存與壓縮的不同之處

將檔案與資料夾統整為一個檔案稱為 **封存**，但是將檔案容量縮小則稱為 **壓縮**。在 Linux 的環境之下，具代表性的封存命令為 **tar**，而壓縮命令則是 **gzip**。

Linux 將封存與壓縮視為兩種不同的操作，但是在 Windows 或 macOS 常用的 zip 卻會同時執行封存與壓縮。

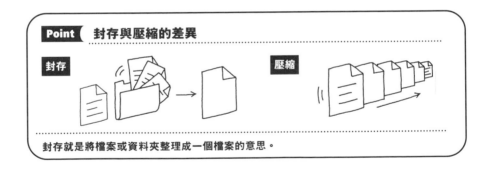

Point　封存與壓縮的差異

封存　　　　　　　　　　　　　　壓縮

封存就是將檔案或資料夾整理成一個檔案的意思。

44-2 利用 tar 命令執行封存操作

讓我們試著利用 **tar** 壓縮檔案。在執行 **tar** 命令的時候加上選項 **−cf**，並且指定封存檔案的檔案名稱，再輸入要封存的檔案或目錄的名稱。

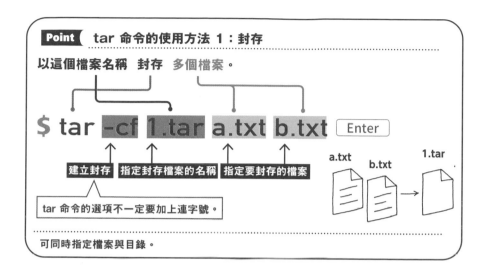

若要瀏覽封存檔案的內容可在執行 **tar** 命令的時候加上選項 **-tf**。

```
$ tar -tf 1.tar  Enter
↑ 在選項 -tf 的後面指定封存檔案
```

▼

```
a.txt
b.txt  ← 可瀏覽封存檔案的內容
```

若要在封存檔案新增檔案，可加上選項 **-rf** 再以下列的語法執行 **tar** 命令。

```
$ tar -rf 1.tar 1.txt  Enter
↑ 在選項 -rf 的後面指定要封存的檔案
```

tar 命令可在封存時，連同檔案的權限或時間戳印一併封存，所以非常適合用於備份檔案。

44-3 利用 tar 命令解開封存

解開封存的檔案稱為**解開**封存，一樣是利用 **tar** 命令操作。

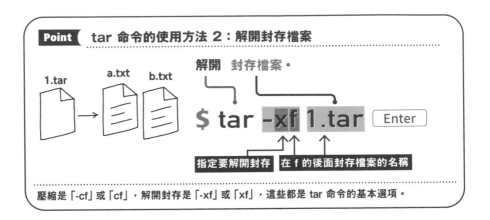

Point tar 命令的使用方法 2：解開封存檔案

解開 封存檔案。

`$ tar -xf 1.tar` Enter

指定要解開封存　在 f 的後面封存檔案的名稱

壓縮是「-cf」或「cf」，解開封存是「-xf」或「xf」，這些都是 tar 命令的基本選項。

44-4 利用 gzip 命令壓縮

gzip 命令可壓縮與解壓縮檔案，例如加上選項 **−d** 可解壓縮檔案。

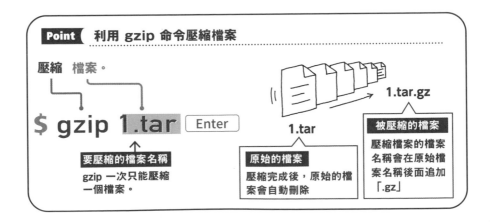

Point 利用 gzip 命令壓縮檔案

壓縮 檔案。

`$ gzip 1.tar` Enter

要壓縮的檔案名稱
gzip 一次只能壓縮
一個檔案。

1.tar

被壓縮的檔案
壓縮檔案的檔案
名稱會在原始檔
案名稱後面追加
「.gz」

1.tar.gz

原始的檔案
壓縮完成後，原始的檔
案會自動刪除

44-5 tar 命令與 gzip 命令搭配使用

tar 命令的選項 **-z** 可同時執行封存與壓縮的操作。

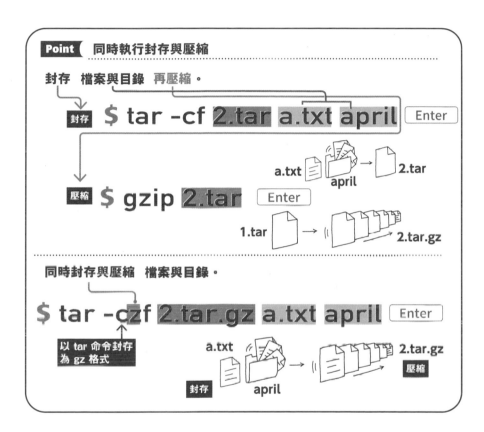

以帶有選項 **-z** 的 **tar** 命令壓縮的封存檔案,可利用下列的命令解開封存。

```
$ tar -xzf 2.tar.gz Enter
```
⬆ 要解開 .gz 檔案可增加選項 z

第7章 練習問題

問題 1

要搜尋檔案名稱或目錄名稱時，可使用下列哪個命令？

ⓐ cat 命令

ⓑ echo 命令

ⓒ find 命令

ⓓ grep 命令

問題 2

如果想在 abc.txt 檔案的結尾新增 xyz.txt 檔案，應該在命令列輸入什麼樣的命令？

問題 3

如果希望讓文字檔 abc.txt 的內容依照英文字母的倒序重新排序，應該在命令列輸入什麼樣的命令？

問題 4

要從文字檔 xyz.txt 搜尋出含有關鍵字 dog 或 dogs 的內容時,該在命令列輸入什麼樣的命令?

問題 5

要將目前工作目錄內的所有文字檔(副檔名為 .txt)封存為 mytxt.tar,該在命令列輸入什麼樣的命令?

解 答

問題 1 解答

正確解答為 ⓒ 的 find 命令。

可根據檔案名稱或字串找到檔案或目錄。

問題 2 解答

正確答案為 cat xyz.txt >> abc.txt。

要在 abc.txt 新增 xyz.txt 的內容時，可輸入 cat xyz.txt >> abc.txt，將大於符號左側的內容追加至右側。要注意的是，如果大於符號只有一個，abc.txt 的內容將會改寫為 xyz.txt。

問題 3 解答

正確解答為 sort –r abc.txt。

要排序檔案可使用 sort 命令，一般會以昇冪（從 A 至 Z，從 1 至 9）排序，但如果輸入的是 sort –r abc.txt，則會以降冪（從 Z 到 A、從 9 到 1）排序。

問題 4 解答

正確解答為 egrep 'dogs?' xyz.txt。

要以正規表示式從文字檔案取出字串可使用 egrep 命令。使用驗證存在與否的特殊字元「？」可驗證 dog 與 dogs 是否存在。

問題 5 解答

正確解答為 tar –cf mytxt.tar *.txt。

要一次封存多個檔案可使用 tar 命令。如果想選取所有的檔案則可使用萬用字元，以 *.txt 的方式指定檔案。

第 **8** 章 軟體與套件的基本知識

45 RPM套件與rpm命令

要在 Linux 安裝命令可使用套件，接著就為大家簡單地介紹一下套件。

45-1 真正的安裝過程是很困難的

一開始先說明最直接的安裝方式，也就是從原始碼（程式）安裝命令的方法，但對初學者而言，這應該是難度有點高的步驟。

整個流程是先從網站「下載」統整程式原始碼的檔案（封存檔案）後，接著解開封存，再完成「configure」、「make」、「install」這些步驟。利用 configure 建立 Makefile 這個設定檔，再利用 make 編譯這個設定檔，然後利用 install 安裝編譯完成的檔案。

此外，若要安裝網頁程式設計語言 PHP，就必須連同網頁伺服器軟體 Apache 一起安裝，因為兩者為「互相搭配」的關係。安裝擴充功能的「函式庫」有時也得另外安裝其他的軟體。

再者，編譯時有可能需要指定很複雜的「選項」，所以一不小心設定錯誤，就得重新安裝。

45-2 安裝 RPM 套件

為了快速安裝而將所有檔案放在一起的東西稱為**套件**。

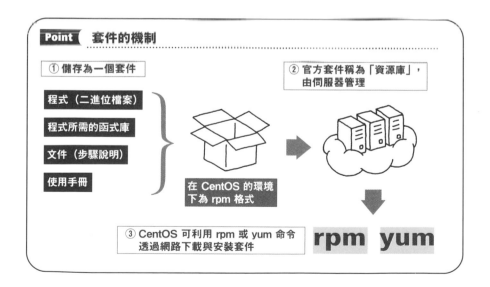

RPM（RPM Package Manager）套件是 Red Hat 發行版用來管理套件（軟體）的機制，這個機制可利用 **rpm** 操作。

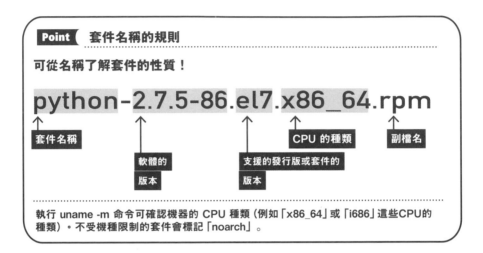

(45-3) 列出所有的套件

執行 **rpm** 命令的時候加上選項 **-qa**，就能列出所有已安裝的套件。這個命令不需 root 的權限就能執行。

```
$ rpm -qa Enter
```
▼

```
～省略～
ebtables-2.0.10-16.e17.x86_64
teamd-1.27-9.el7.x86_64
plymouth-0.8.9-0.32.20140113.e17.centos.x86_64
```
⬆ 逐次列出已安裝的套件

45-4 顯示套件的進階資訊

在執行 **rpm** 命令的時候加上選項 **-qI**，就能顯示套件的進階資訊。這同樣不需要 root 的權限。

```
$  rpm -qi unzip-6.0-20.el7 Enter
```

▼

```
Name        : unzip
Version     : 6.0
Release     : 20.el7
Architecture: x86_64
Install Date: Sat 30 Nov 2019 01:36:00 AM JST
Group       : Applications/Archiving
Size        : 373994
License     : BSD
Signature   : RSA/SHA256, Fri 23 Aug 2019 06:44:59 AM JST, Key ID 24c6a8a7f4a80eb5
Source RPM  : unzip-6.0-20.el7.src.rpm
～省略～
```
⬆ 顯示套件的進階資訊了

241

46 利用 yum 命令管理套件（CentOS）

CentOS 內建了比 rpm 命令更好用的 yum 命令，但請大家記得一點，要安裝套件必須具有 root 權限。

46-1 利用 yum 命令安裝套件

若使用的是 CentOS，基本上很少利用 **rpm** 命令處理 RPM 套件，反倒是常使用 **yum** 命令安裝 **YUM**（Yellowdog Updater，Modified）套件。這是因為

---
yum 命令會自動安裝必須搭配使用的命令

反觀 **rpm** 命令必須自行安裝需要一併安裝的命令。而且 yum 命令還有

只需要有套件名稱就能安裝

的優點，但 **rpm** 命令必須指定套件的全名（包含版本）才能安裝。

⚠ 注意

固定以 yum 命令管理套件

安裝套件時，千萬別一下子使用 rpm 命令，一下子又使用 yum 命令，這樣會變得很混亂，因為安裝完成的套件會拆開來管理。「除非是無法利用 yum 命令安裝的套件，否則不使用 rpm 命令安裝」是最理想的套件管理模式。

46-2 列出所有套件

接著讓我們一起了解 **yum** 命令的使用方法。要列出所有的套件可使用 **list** 命令，要注意的是，若寫成 –list 就會發生錯誤。

Point　**yum 命令的使用方法：列出所有套件**

列出所有套件。

$ yum list [Enter]　　不可以加上 –（連字號）　-list

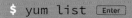

$ yum list [Enter]

▼

```
Loaded plugins: fastestmirror
Loading mirror speeds from cached hostfile
 * base: ftp.iij.ad.jp
 * epel: ftp.iij.ad.jp
 * extras: ftp.iij.ad.jp
 * updates: ftp.iij.ad.jp
Installed Packages
NetworkManager.x86_64                    1:1.18.0-5.el7_7.1              @updates
NetworkManager-libnm.x86_64              1:1.18.0-5.el7_7.1              @updates
〜省略〜
```

⬆ 若不搭配 less 命令，畫面就會直接捲動到最下方，無法確認有哪些套件

46-3 確認套件的更新狀況

全世界的套件都不分日夜地更新，只要透過網路，隨時都能使用最新的 RPM。接著讓我們確認一下哪個套件一直都在更新吧！要使用的是 **check—update** 命令。

確認更新狀況。

$ yum check-update [Enter]

💡 **冷知識**

更新與版本升級的差異

版本升級的套件可透過更新使用，但使用的不一定是最新的版本，因為更新資訊是於資源庫（參考『45-2』）管理。

$ yum check-update [Enter]   ← 列出可更新的套件

▼

```
Loaded plugins: fastestmirror
Loading mirror speeds from cached hostfile
 * base: ftp.iij.ad.jp
 * epel: mirrors.tuna.tsinghua.edu.cn
 * extras: ftp.iij.ad.jp
 * updates: ftp.iij.ad.jp

ca-certificates.noarch          2019.2.32-76.el7_7          updates
curl.x86_64                     7.29.0-54.el7_7.1           updates
iproute.x86_64                  4.11.0-25.el7_7.2           updates
kernel.x86_64                   3.10.0-1062.9.1.el7         updates
kernel-devel.x86_64             3.10.0-1062.9.1.el7         updates
kernel-headers.x86_64           3.10.0-1062.9.1.el7         updates
kernel-tools.x86_64             3.10.0-1062.9.1.el7         updates
～省略～
```

⬆ 列出可更新的套件了

46-4 更新所有套件

大家已經學會如何確認更新狀況了嗎?接著讓我們試著更新所有可更新的套件。要注意的是,要更新套件需要 root 權限。

此外,要更新所有套件可能得花不少時間。

Point yum 命令的使用方法:確認更新狀況

確認更新狀況。

yum update [Enter]

不可以加上 -(連字號)
-update ✗

可於中途確認是否套用套件。範例全部都按下 ⓨ 鍵,再按下 [Enter] 鍵確認。

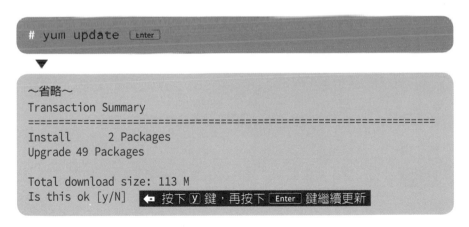

```
# yum update [Enter]
```
▼
```
～省略～
Transaction Summary
================================================================
Install      2 Packages
Upgrade 49 Packages

Total download size: 113 M
Is this ok [y/N]    ◀ 按下 ⓨ 鍵,再按下 [Enter] 鍵繼續更新
```

如果覺得按很多次 ⓨ 鍵很麻煩,可在執行命令的時候加上選項 **−y**,就能全部都回答 yes。

```
# yum -y update  Enter
```

▼

```
～省略～
Complete!    ◀ 不再需要輸入 y ！
```

冷知識

定期更新

若版本有升級，代表修正了一些問題或優化了某些操作，更有可能新增或擴充了某些功能。如果不更新，就有可能會出現問題或是使用上的障礙。

若要個別更新套件，可在 yum update 後面加上要更新的套件名稱。

```
# yum update python  Enter
```
⬆ 只更新這個套件名稱的套件

46-5 檢視套件的資訊

要檢視已安裝或準備安裝的套件的資訊，可使用 **info** 命令。

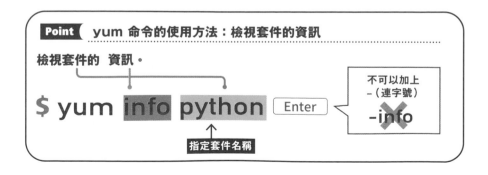

Point **yum 命令的使用方法：檢視套件的資訊**

檢視套件的　資訊。

$ yum info python Enter

不可以加上
－（連字號）

✘ -info

指定套件名稱

```
$ yum info python  Enter
```

▼

```
Loaded plugins: fastestmirror
Loading mirror speeds from cached hostfile
 * base: ftp.iij.ad.jp
 * epel: kartolo.sby.datautama.net.id
 * extras: ftp.iij.ad.jp
 * updates: ftp.iij.ad.jp
Installed Packages
Name        : python
Arch        : x86_64
Version     : 2.7.5
Release     : 86.el7
Size        : 79 k
Repo        : installed
From repo   : anaconda
Summary     : An interpreted, interactive, object-oriented programming language
URL         : http://www.python.org/
License     : Python
Description : Python is an interpreted, interactive, object-oriented programming
～省略～
```

46-6 搜尋想安裝的套件

要搜尋套件可使用 **search** 命令。

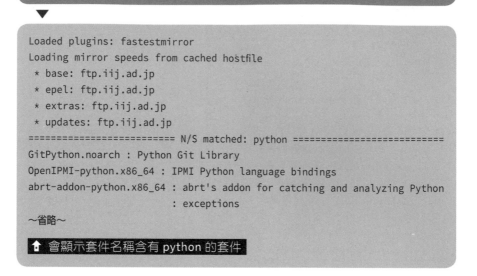

```
$ yum search python  Enter
```

▼

```
Loaded plugins: fastestmirror
Loading mirror speeds from cached hostfile
 * base: ftp.iij.ad.jp
 * epel: ftp.iij.ad.jp
 * extras: ftp.iij.ad.jp
 * updates: ftp.iij.ad.jp
=========================== N/S matched: python ===========================
GitPython.noarch : Python Git Library
OpenIPMI-python.x86_64 : IPMI Python language bindings
abrt-addon-python.x86_64 : abrt's addon for catching and analyzing Python
                         : exceptions
～省略～
```

⬆ 會顯示套件名稱含有 python 的套件

46-7 安裝套件

要安裝套件可使用 **install** 命令，不過需要 root 權限。

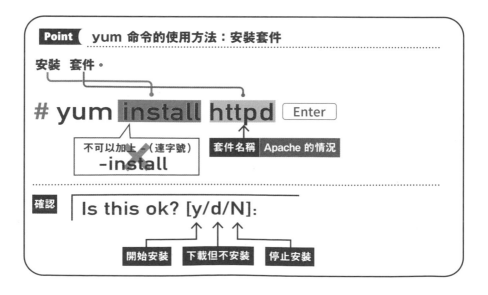

Point **yum 命令的使用方法：安裝套件**

安裝 套件。

```
# yum install httpd  Enter
```

不可以加上 -（連字號）
✗ -install

套件名稱 Apache 的情況

確認 **Is this ok? [y/d/N]:**

開始安裝　下載但不安裝　停止安裝

248

若加上選項 **-y**，就能直接安裝具有「相關性」的套件，不需要每次都按下 ⓨ 鍵確認。

利用空白鍵間隔多個套件名稱，就能同時安裝多個套件。

```
# yum -y install httpd ruby Enter
```

46-8 刪除套件

要刪除套件可使用 **remove** 或 **erase** 命令，但都需要 root 權限。

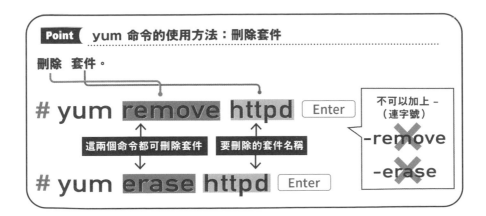

(46-9) 套件的全文搜尋

最後介紹如何以全文搜尋的方式找出要安裝的套件。除了剛剛介紹的 **search** 命令，還可利用 **search all** 命令搜尋。**search** 用於一般的搜尋，**search all** 則可連同説明都列為搜尋對象。

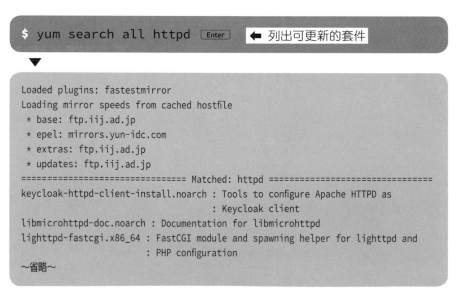

```
$ yum search all httpd  [Enter]      ← 列出可更新的套件
▼

Loaded plugins: fastestmirror
Loading mirror speeds from cached hostfile
 * base: ftp.iij.ad.jp
 * epel: mirrors.yun-idc.com
 * extras: ftp.iij.ad.jp
 * updates: ftp.iij.ad.jp
============================= Matched: httpd =============================
keycloak-httpd-client-install.noarch : Tools to configure Apache HTTPD as
                                      : Keycloak client
libmicrohttpd-doc.noarch : Documentation for libmicrohttpd
lighttpd-fastcgi.x86_64 : FastCGI module and spawning helper for lighttpd and
                        : PHP configuration
～省略～
```

問題 1

要列出所有已安裝的 rpm 套件,可使用下列哪個命令與選項?

ⓐ rpm -i

ⓑ rpm -qa

ⓒ yum i

ⓓ yum -qa

問題 2

要利用 yum 命令安裝套件 xyz,必須輸入什麼樣的命令?

問題 3

要刪除 xyz 套件,必須輸入什麼樣的命令?

解 答

問題 1 解答

正確答案為 ⓑ 的 rpm –qa。

加上選項 –q 再執行 rpm 命令，可顯示套件的進階資訊。

問題 2 解答

正確答案為 yum install xyz。

要更新已安裝的套件可輸入 yum update，若要顯示套件的資訊可輸入 yum info。

也可使用 rpm 命令安裝套件，但要自動安裝相關的套件，擴展套件的功能，建議使用 yum 命令安裝套件。

問題 3 解答

正確答案為 yum remove xyz 或 yum erase xyz。

要安裝或刪除套件，都需要 root 的權限。

第 **9** 章

檔案系統的
基礎知識

47 檔案系統扮演什麼角色？

檔案系統是 OS 的重要功能之一，Linux 也具有檔案系統。
接著讓我們一起了解很深奧的檔案系統。

47-1 檔案系統的任務

狹義的**檔案**就是電腦操作的資料或程式的「集合體」，例如硬碟裡的圖片
或文書資料都是檔案，程式或應用程式也是檔案之一。管理這些檔案的
系統就稱為**檔案系統**。

廣義來說，檔案系統管理的檔案不一定要存在硬碟這類裝置，舉凡網路上的檔案、印表機、輸入裝置、輸出裝置，都可以當成檔案操作。

將這些裝置當成檔案操作的檔案稱為**裝置檔案**，要在 Linux 的環境下操作外接的媒體或印表機，就必須使用這些裝置檔案。

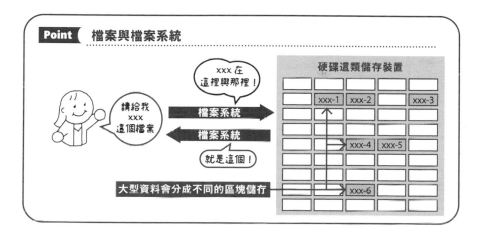

47-2 管理檔案的方法

姑且不論裝置檔案這類特殊的檔案如何管理，讓我們先說明硬碟這類儲存裝置的檔案或程式的操作方法。

Linux 與其他類似的 OS 都內建了檔案系統，例如 Windows 的檔案系統 是 NTFS、FAT，macOS 則 是 HFS、HFS+，Linux 則 是 以 **ext**（Extended file system）這種檔案系統為主流。

為了在硬碟建立、移動、複製、刪除檔案或目錄（資料夾），檔案系統通常具有配置檔案、儲存檔案、命名檔案的這類功能。

有些檔案系統本身具備建立或移動檔案的功能，但有些檔案系統則是利用其他工具（例如專門的程式或命令）執行這類功能，此時就不算是檔案系統的一種。之所以檔案系統不同，也能使用相同的命令，就是因為有這些工具。

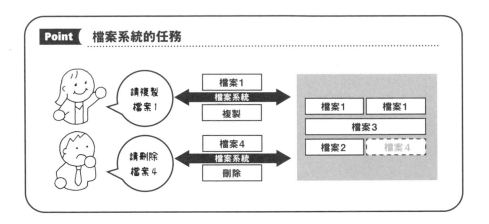

47-3 裝置檔案

Linux 與其他幾種 OS 除了可操作硬碟裡的檔案，也將裝置（周邊裝置）視為檔案，而這類檔案稱為**裝置特別檔案**或直接稱為**裝置檔案**。

裝置檔案是非常特別的檔案，Linux 通常將這些檔案存在 /dev 底下。

裝置檔案是將裝置抽象化的特殊檔案。

```
crw-rw-rw-. 1 root    root      1,   3 Jan 23 10:53 null
crw-------. 1 root    root     10, 144 Jan 23 10:53 nvram
crw-------. 1 root    root      1,  12 Jan 23 10:53 oldmem
crw-r-----. 1 root    kmem      1,   4 Jan 23 10:53 port
crw-------. 1 root    root    108,   0 Jan 23 10:53 ppp
crw-rw-rw-. 1 root    tty       5,   2 Jan 23 10:53 ptmx
drwxr-xr-x. 2 root    root          0 Jan 23 10:53 pts
crw-rw-rw-. 1 root    root      1,   8 Jan 23 10:53 random
drwxr-xr-x. 2 root    root         60 Jan 23 10:53 raw
lrwxrwxrwx. 1 root    root          4 Jan 23 10:53 rtc -> rtc0
crw-------. 1 root    root    252,   0 Jan 23 10:53 rtc0
brw-rw----. 1 root    disk      8,   0 Jan 23 10:53 sda
brw-rw----. 1 root    disk      8,   1 Jan 23 10:53 sda1
brw-rw----. 1 root    disk      8,   2 Jan 23 10:53 sda2
crw-rw----+ 1 root    cdrom    21,   0 Jan 23 10:53 sg0
crw-rw----. 1 root    disk     21,   1 Jan 23 10:53 sg1
drwxrwxrwt. 2 root    root         40 Jan 23 10:53 shm
crw-------. 1 root    root     10, 231 Jan 23 10:53 snapshot
drwxr-xr-x. 3 root    root        180 Jan 23 10:53 snd
brw-rw----+ 1 root    cdrom    11,   0 Jan 23 10:53 sr0
lrwxrwxrwx. 1 root    root         15 Jan 23 10:53 stderr -> /proc/self/fd/2
lrwxrwxrwx. 1 root    root         15 Jan 23 10:53 stdin  -> /proc/self/fd/0
lrwxrwxrwx. 1 root    root         15 Jan 23 10:53 stdout -> /proc/self/fd/1
crw-rw-rw- 1 root     tty       5,   0 Jan 23 15:10 tty
crw--w---- 1 root     tty       4,   0 Jan 23 10:53 tty0
crw--w---- 1 rinako  tty       4,   1 Jan 23 15:17 tty1
crw--w---- 1 root     tty       4,  10 Jan 23 10:53 tty10
crw--w---- 1 root     tty       4,  11 Jan 23 10:53 tty11
crw--w---- 1 root     tty       4,  12 Jan 23 10:53 tty12
crw--w---- 1 root     tty       4,  13 Jan 23 10:53 tty13
crw--w---- 1 root     tty       4,  14 Jan 23 10:53 tty14
crw--w---- 1 root     tty       4,  15 Jan 23 10:53 tty15
crw--w---- 1 root     tty       4,  16 Jan 23 10:53 tty16
crw--w---- 1 root     tty       4,  17 Jan 23 10:53 tty17
crw--w---- 1 root     tty       4,  18 Jan 23 10:53 tty18
```

/dev 底下的檔案

不過這些檔案沒有實體，只是一些儲存了資訊的小檔案。如上列出裝置檔案之後，會發現檔案的開頭有「b」或「c」，「b」代表這個裝置為區塊裝置，「c」代表這個裝置為字元裝置，硬碟這類儲存裝置被分類為**區塊裝置**，鍵盤或螢幕這類裝置則被分類為**字元裝置**。

使用者要在 Linux 的環境底下使用隨身碟、光碟或外接硬碟時這類裝置時，就會需要使用裝置檔案。

> 使用者之所以會用到裝置檔案，通常是需要使用外接硬碟或其他裝置的情況。

48 Linux 的檔案系統

Linux 的標準檔案系統為 ext，這種檔案系統不僅可操作檔案，還能建置目錄。

48-1 Linux 的標準檔案系統為 ext 格式

檔案系統的種類雖多，但 Linux 使用的是 **ext**（extended file system）格式的檔案系統。ext 的版本有很多，目前的主流為 **ext4**，但 ext2 與 ext3 歷史已久，在 Linux 使用者之間還是非常流行的格式。ext 具有「向下相容」的特性，所以只要使用的是最新版本，就不用太在意檔案系統的版本。

檔案系統	最大磁碟容量	最大檔案容量	備註
ext2	8TB	2TB	於初期的 Linux 採用
ext3	16TB	2TB	最普及的檔案系統
ext4	1EB	16TB	最大磁碟容量超過 16TB 的檔案系統

Linux 也可使用非 ext 的檔案系統，其中最具代表性的莫過於 **FAT**（File Allocation Table）這種 MS-DOS 常用的檔案系統。FAT 不太適用於大型儲存裝置，但很容易在隨身碟、SD 卡這類容量相對較小的媒體使用（可在不同的個人電腦使用），所以市面上的隨身碟或 SD 卡常被格式化為 FAT 格式。在這類儲存裝置的容量不斷變大之下，FAT 也被 exFAT 取代。

48-2 目錄結構與掛載

UNIX 系列的目錄構造是採用將根（／）放在根部，再從這個根部分出外枝的樹狀構造。這種樹狀構造與實際在磁碟的配置無關，只是邏輯化的構造。

什麼叫做邏輯化構造呢？比方說有台伺服器擁有兩個硬碟，第一個 HDD1 為系統磁碟，另一個 HDD2 只用來儲存使用者的資料（在 /home 底下的空間）。此時可將「HDD2 指派給 /home」，如此一來，使用者就不用在意檔案存在哪個硬碟代號，能夠同時使用兩個磁碟代號。

換言之，Linux 的目錄構造與硬體沒有關係，所以可更靈活地設定與擴充。

讓硬碟或其他裝置與樹狀構造產生關係的步驟稱為**掛載**，斷開關係稱為**卸載**。要在 Linux 操作外接裝置就必須具備這個知識，請大家務必先記下來喔。

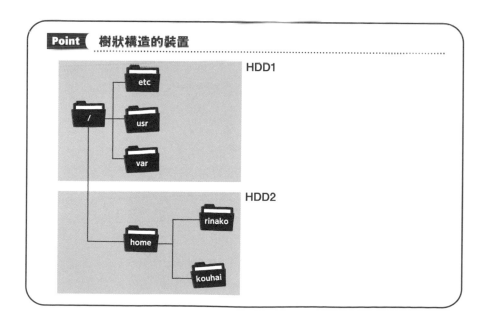

Point　樹狀構造的裝置

49 檔案系統的使用方法

使用者使用檔案系統的情況並不多，但如果是管理員使用者，就必須在增設或交換硬碟的時候操作檔案系統。

49-1 建立分割表

硬碟這類儲存裝置可分成不同的區塊再使用，而這種區塊就稱為**分割表**。

要建立分割表可使用 **fdisk** 命令。這項命令是以對話的方式執行。先接上硬碟，啟動 Linux，再以 root 登入後，執行下列的命令。

```
# fdisk /dev/sdb Enter
```

▼

```
Command (m for help): n
Command action
   e   extended
   p   primary partition (1-4)
p
Partition number (1-4):1
First cylinder (1-767) :1
Last cylinder or +size or +sizeM or +sizeK: 300
Command (m for help): t
Partition number (1-4):1
Hex code (type L to list codes) : 83   ◄ 設定為 Linux 型別
Command (m for help): w   ◄ 輸入資訊之後，結束命令
```

上述的操作會建立 sdb 分割表，使用者也能以 /dev/sdb1 這個名稱操作。sdb 是 Linux 指派給硬碟的裝置名稱。系統會以辨識硬碟的順序，依序指派 sda、sdb、sdc 這類名稱。

(49-2) 建立檔案系統

要建立檔案系統可使用 **mke2fs** 命令。在這個命令的選項 **-t** 接上 ext2、ext3、ext4 這類設定，就能建立需要的檔案系統。

```
# mke2fs -t ext4 /dev/sdb1 [Enter]
```

▼

```
mke2fs 1.35 (28-Feb-2004)
Filesystem label=
OS type: Linux
Block size=4096 (log=2)
Fragment size=4096 (log=2)
～省略～
```

如此一來，就能以 ext4 的格式使用 /dev/sdb1 了。

(49-3) 掛載與卸載

要在 Linux 的裝置使用磁碟，就必須透過 **mount** 命令**掛載**磁碟。假設要裝置的是裝置名稱為「sdb1」的磁碟（第一張分割表），可輸入下列的命令。

```
# mkdir /datadisk1 [Enter]
# mount /dev/sdb1 /datadisk1 [Enter]
```

「/datadisk1」是供使用者存取的位置，正式的名稱為**掛載點**。有時候必須以 **mkdir** 命令預先建立這個掛載點（因為磁碟無法掛載於不存在的目錄）。若想使用光碟或隨身碟，也必須先執行掛載。

要掛載格式化為 FAT 格式的隨身碟或外接 HDD ／ SSD，可在 /mnt 底下建立 usbmem1 或 usbhdd 這類名稱的目錄再執行掛載。

```
# mkdir /mnt/usbmem1 Enter
# mount -t vfat /dev/sdf1 /mnt/usbmem1 Enter
```

⊘ 注意

隨身碟
不同的系統或發行版會將隨身碟辨識為不同的裝置。

若要卸載磁碟只需要以 **umount** 命令指定已掛載的裝置。

```
# umount /mnt/usbmem1 Enter
```

49-4 fstab 與自動掛載

系統常用的硬碟或安裝 CentOS 使用的光碟可先將相關資訊寫在「/etc/fstab」這個檔案裡，之後就會在系統啟動時自動掛載這類裝置。執行下列的命令可以確認目前掛載了哪些裝置。

```
# cat /etc/fstab Enter
```

Linux 的系統會先讀取這個 /etc/fstab 檔案，所以可在這個檔案依序寫入需要的內容。

問題 1

Linux 以何種介面操作儲存裝置、網路、輸出入裝置？

ⓐ I/O 連線

ⓑ 裝置檔案

ⓒ 裝置驅動程式

ⓓ 外部記憶體

問題 2

若要以檔案系統 ext4 操作分割表 /dev/sdb1，必須輸入什麼樣的命令？

問題 3

假設格式化為 FAT 檔案系統的隨身碟已被 Linux 辨識為 /dev/sdf2，要以 /mnt/usbmem2 在 Linux 使用這個隨身碟，必須利用哪種命令設定？（需要使用兩種命令）

解 答

問題 1 解答

正確答案是 ⓑ 的裝置檔案。

Linux 會以讀取檔案資料或是將資料寫入檔案的方式存取外部儲存裝置或輸出入裝置的資訊。

問題 2 解答

正確答案為 mke2fs –t ext4 /dev/sdb1。

選項 –t 可指定檔案系統的種類。若不指定，將自動建立為相容性最高的 ext2 檔案系統，此時最大磁碟容量只有 8TB，若之後還需要擴張磁碟，建議使用 ext3 或 ext4 的格式。

問題 3 解答

正確答案為
mkdir /mnt/usbmem2
mount /dev/sdf2 /mnt/usbmem2

第一步先利用 mkdir /mnt/usbmem2 命令建立需要的目錄，接著利用 mount /dev/sdf2 /mnt/usbmem2 命令掛載檔案系統。要在 Linux 系統使用儲存裝置必須利用「掛載」這個步驟讓儲存裝置（分割表）與目錄建立關聯性。

第 **10** 章 程序、單元、工作

50 程序與單元是什麼？

當程式的資料從硬碟寫入記憶體，命令才可以執行。

①
儲存在硬碟的程式，也就是命令。
ls cd less find
執行命令之後 Enter

②
在寫入記憶體之後，隨時可以執行。此時的命令又稱為程序。
程序 程序 程序

③
Linux 會替每個程序加上程序 ID 這種編號。
你是〇〇號 程序
你是××號 程序
是以程序 ID 管理的喲！

④
新的程序一定會根據舊的程序建立。
父程序 ➡ 子程式
舊程序 新程式
比較節省資源！

50-1 程序的定義

ls 或 **less** 這類命令都是以執行檔（程式）儲存在硬碟裡，隨時準備出動。一旦需要出動，**核心**就會將命令，也就是程式寫入記憶體，CPU 便

會開始處理程式的內容。寫入記憶體的命令又稱為**程序**，Linux 也是以這個程序檢視與管理記憶體，才能了解目前正在執行哪些作業。

50-2 利用 ps 命令檢視程序

ps 命令可列出程序在執行過程中的資訊。

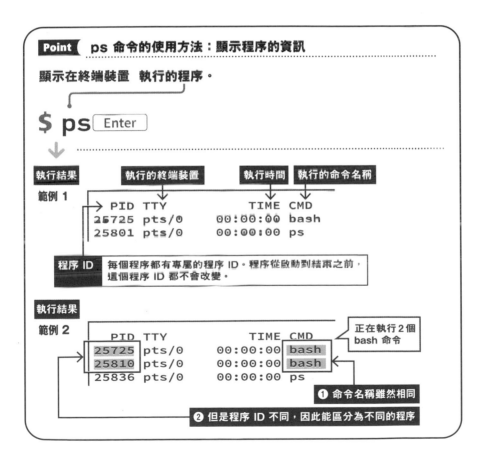

程序在啟動到結束為止，程序 ID 都不會變動，所以可透過這個程序 ID
操作程序。

在 Linux 環境底下，除了使用者正在執行的程序，還有系統執行的命
令，同時間會有許多程序一起執行。

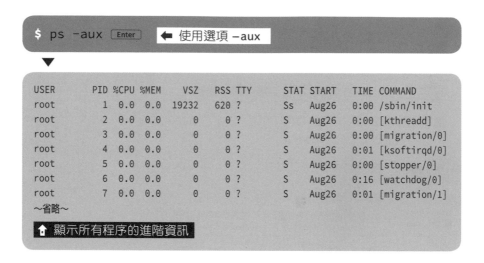

50-3 結束程序

一般使用者或許不需要結束程序，但管理員使用者偶爾會遇到不得不結
束程序的情況，例如程式出現問題就是其中一種。如果一直無法結束而
形成所謂的無窮迴圈，就代表這個程式已經「失控」，此時除了「強制結
束」程式，沒有別的方法可以結束程序。

要結束程序可使用 **kill** 命令指定程序 ID。

一般使用者只能結束自己執行的程序，沒有結束別人程序的權限。只有
管理員使用者才能結束別人的程序。

所以管理員使用者必須謹慎面對結束程序的作業，否則不小心結束了不該結束的程序，系統有可能會因此出問題。

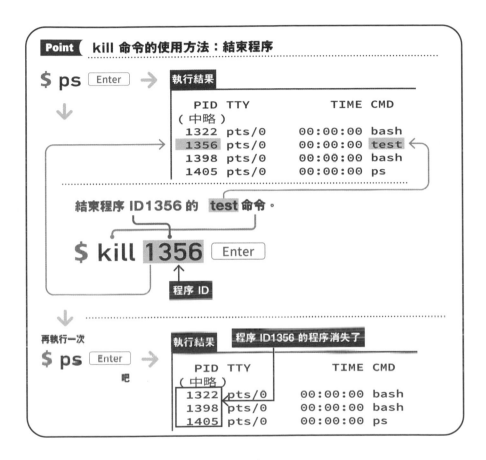

10

程序、單元、工作

💡 **冷知識**

暫時停止程序的情況

程序不僅可以強制結束，也能暫時停止。在命令列輸入「kill –s SIGSTOP 123」（123為程序ID），即可暫停程序。若要讓程序重新啟動可執行「kill –s SIGCONT 123」。

50-4 單元與服務（daemon）的管理

將 Linux 當成伺服器使用時，在背景執行的服務、daemon 或伺服器這類軟體都需要進行管理，雖然這部分如同管理程序，與一般的使用者沒什麼關係。

第 8 章曾介紹安裝套件的方法，管理員使用者必須操作以這類套件執行或停止的服務（daemon）。

這類操作可利用之前介紹的 **systemctl** 命令執行。在舊版的 CentOS 需要以多個命令執行這類操作，但自 CentOS 7 之後，所有的命令縮減為一個，執行起來也更加方便輕鬆（不過有許多人還是喜歡以前的方法）。

下表彙整了新、舊方法的對照表。

操作	CentOS 6 之前	CentOS 7 之後
啟動	/etc/init.d/ 服務名稱 start	systemctl start 單元名稱
結束	/etc/init.d/ 服務名稱 stop	systemctl stop 單元名稱
強制結束	kill -9 程序 ID	systemctl kill -s 9 單元名稱
重新啟動	/etc/init.d/ 服務名稱 restart	systemctl restart 單元名稱
列出所有服務（單元）	ls /etc/init.d	systemctl --type service 單元名稱

單元（Unit）是自 CentOS 7 之後導入的概念，可更快速啟動與結束服務，不需要再使用舊版服務所需的啟動或結束的指令。

在上述的表格裡，強制結束的部分使用了服務 ID，但其實比較建議使用 **systemctl** 命令結束程序，例如以前要強制結束程序時，會使用 **kill** 命令輸入

```
# kill -9 程序 ID
```

但自從 CentOS 7 之後，就改成

```
# systemctl kill -s 9 單元名稱
```

單元（服務）也是系統的程序之一，所以不管是利用程序 ID（編號）指定，還是以程序名稱指定，結果都是一樣，但單元名稱比較簡單易懂，所以推薦以單元名稱指定。

要從安裝的單元取得單元名稱可如下輸入命令。

```
# systemctl -t service Enter
```
▼

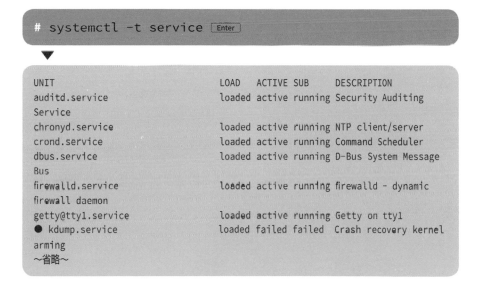

```
UNIT                        LOAD    ACTIVE SUB      DESCRIPTION
auditd.service              loaded active running Security Auditing
Service
chronyd.service             loaded active running NTP client/server
crond.service               loaded active running Command Scheduler
dbus.service                loaded active running D-Bus System Message
Bus
firewalld.service           loaded active running firewalld - dynamic
firewall daemon
getty@tty1.service          loaded active running Getty on tty1
● kdump.service             loaded failed failed  Crash recovery kernel
arming
～省略～
```

在「UNIT」底下的就是單元名稱，可使用這個名稱強制結束程序。在此讓我們試著結束防火牆的單元（服務），也就是強制結束「firewalld.service」這個單元。

```
# systemctl kill -s 9 firewalld.service Enter
```

再次執行「systemctl -t service」可得到下列的結果。

```
UNIT                        LOAD    ACTIVE SUB    DESCRIPTION
auditd.service              loaded active running Security Auditing
Service
chronyd.service             loaded active running NTP client/server
crond.service               loaded active running Command Scheduler
dbus.service                loaded active running D-Bus System Message Bus
● firewalld.service         loaded failed failed  firewalld - dynamic
firewall daemon
getty@tty1.service          loaded active running Getty on tty1
● kdump.service             loaded failed failed  Crash recovery kernel
arming
～省略～
```

可發現 filewalld.service 這個單元已經停用。

防火牆若是一直停用，會讓人覺得很不安，所以，讓我們重新啟動 firewalld.service。

```
# systemctl start firewalld.service
```

再次執行「systemctl –t service」可得到下列的結果。可以發現 firewalld.service 已重新啟用。

```
UNIT                        LOAD    ACTIVE SUB    DESCRIPTION
auditd.service              loaded active running Security Auditing
Service
chronyd.service             loaded active running NTP client/server
crond.service               loaded active running Command Scheduler
dbus.service                loaded active running D-Bus System Message Bus
firewalld.service           loaded active running firewalld - dynamic
firewall daemon
getty@tty1.service          loaded active running Getty on tty1
● kdump.service             loaded failed failed  Crash recovery kernel
arming
～省略～
```

51 控制工作

比程序或單元更貼近我們的處理單位為「工作」，讓我們一起學習中斷或重新啟動工作（job）的操作。

51-1 什麼是工作？

工作與程序的差異之處在於「可以參照別人的程序，卻不能參照別人的工作」，這個道理當然也同樣可於自己應用，除了正在使用的 Shell 之外（例如還有其他的終端裝置連線）我們無法參照其他 Shell 的工作。

51-2 停止工作

「停止（中斷）工作」與「結束（強制結束）工作」是不一樣的操作，要停止工作可按下 Ctrl +Z 鍵，要結束工作可按下 Ctrl +C 鍵。

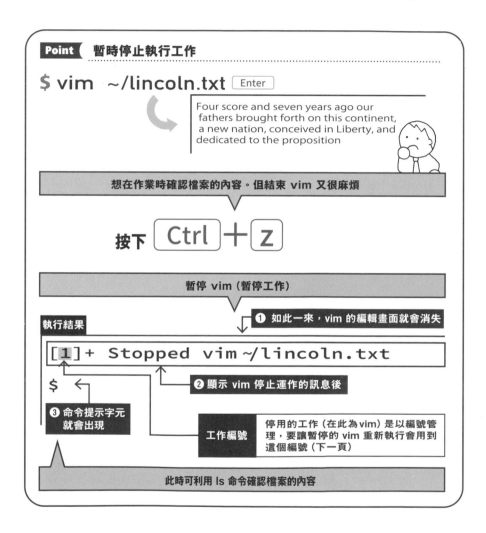

暫停的工作也能重新啟動。不管是在「前台」還是「後台」的工作，都能重新啟動。

要列出所有的工作可如下使用 **jobs** 命令。

```
$ jobs Enter
```

▼

```
[1]-  Stopped                    vi a.txt
[2]+  Stopped                    vi b.txt
```

正在執行的工作會標記為 Running，停用的工作會標記 Stopped，結束的工作會標記 Done。「＋」是現階段的工作，「－」是之前的工作。

51-3 在前台重新執行工作

讓我們重新啟用暫停的工作吧！這次要介紹以 **fg** 命令在**前台**重新執行工作的方法。

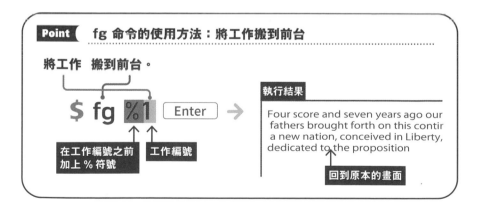

Point **fg 命令的使用方法：將工作搬到前台**

將工作　搬到前台。

$ fg %1 Enter →

在工作編號之前加上 % 符號　工作編號

執行結果

Four score and seven years ago our fathers brought forth on this contir a new nation, conceived in Liberty, dedicated to the proposition

回到原本的畫面

💡 **冷知識**

前台與後台

命令通常是在前台執行，要在後台執行命令可在命令的結尾（接在空白字元之後）加上「&」符號。

51-4 在後台重新執行工作

在命令提示字元執行命令，就得等待處理（工作）結束。這種過程稱為**前台執行**。

反觀**後台執行**則不需要等到處理結束。若要於後台執行命令可使用 **bg** 命令。

以下 Point 為大家列出這兩種執行方式的過程，提供大家參考。

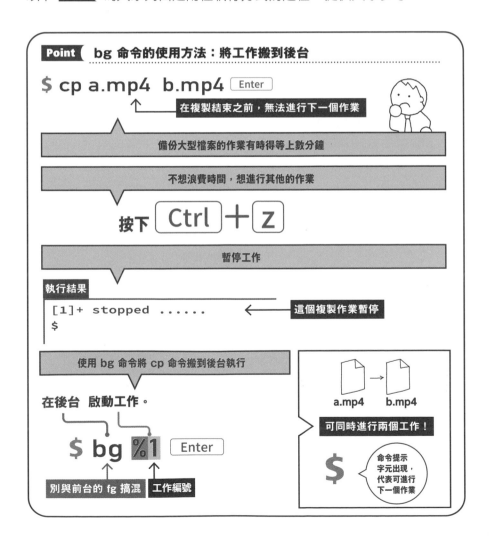

## 第10章

練 習 問 題

問題 **1**

要顯示目前正在執行的所有程序的進階資訊該使用哪個命令？

問題 **2**

要暫停目前使用的程式，而不是強制結束時，該使用下列哪個操作？

ⓐ 按住 [Ctrl] 鍵再按下 [x] 鍵

ⓑ 按住 [Ctrl] 鍵再按下 [z] 鍵

ⓒ 按住 [Alt] 鍵再按下 [c] 鍵

ⓓ 按住 [Alt] 鍵再按下 [z] 鍵

問題 **3**

目前編號 1 至 3 的工作暫停中，若想讓第一個工作重新啟動，該使用下列何種命令？

ⓐ fg %1

ⓑ fg 1

ⓒ bg 1

ⓓ jobs

解答

問題 **1** 解答

正確答案為 ps –aux。

要顯示程序可使用 ps 命令，但加上選項 –a 可顯示所有程序，加上選項 –u 可顯示程序的使用者姓名與開始時間，加上選項 –x 可顯示非控制終端，也就是使用者於終端指定的命令之外的程序。若再加上選項 –f，將能以樹狀圖的方式顯示程序的親子關係。

問題 **2** 解答

正確答案為 ⓑ。按住 Ctrl 鍵再按下 z 鍵。

此時工作會暫停。雖然工作會暫存於記憶體，但不會繼續任何處理。若要強制結束工作，可按住 Ctrl 鍵再按下 c 鍵。

問題 **3** 解答

正確答案為 ⓐ 的 fg %1。

數字 1 為工作編號。若使用 jobs 命令，只會顯示記憶體裡的工作。若加上選項 –r，只會顯示目前正在執行的工作，加上選項 –s 則只會顯示暫停的工作。

第**11**章 網路的基礎知識

52 網路與Linux有何關係？

UNIX從初期就與網路有著密切的關係，直到現在，有許多伺服器與網路機器都使用Linux。接著讓我們一起了解Linux與網路的關係。

52-1 網路與 Linux 的關係非常密切

Windows 或 macOS 這類用戶端 OS 通常會自動設定網路，使用者不太需要自行手動設定，有的用戶端發行版的 Linux 也會自動設定網路。

但是 Linux 是常於伺服器使用的 OS，所以若只是沿用預設值，常常會有設定不夠完全的部分，所以既然要使用 Linux，就必須了解網路，以及具備設定網路的知識。

> 既然要使用 Linux，就必須了解網路，以及具備設定網路的知識。

52-2 有兩台機器就能組成網路

未與其他電腦連線的電腦屬於孤立的狀態，這種電腦也稱為**單機**。

假設兩台電腦可互相存取資料（通訊），就等於這**兩台電腦組成了網路**，也可直接將這個狀態稱為網路。

> Linux 幾乎都是連上網使用。

53 傳輸協定與 TCP/IP

要了解網路就要先了解「傳輸協定」。在此為大家介紹傳輸協定在網路扮演什麼角色。

53-1 傳輸協定是階層構造

傳輸協定的説明絕對少不了**階層**的內容。階層的概念雖然有點難，但階層構造具有下列的好處。

- 不需要透過一台機器或軟體涵括所有階層（製造與開發都輕鬆）

- 交換或優化某個階層時，其他階層也能繼續使用。

- 若是同階層的軟體、硬體都可以交換，所以會出現削價競爭的現象，軟體與硬體的價格也會因此下降。

階層的分類方法雖有很多種，最常見的是 ITU-T 提倡的七層的 **OSI 參考模型**。雖然 Linux 預設的傳輸**協定**為 **TCP/IP**，但在此試著一邊對照 OSI 參考模型，一邊說明 TCP/IP。

除了 OSI 參考模型之外，TCP/IP 常是四層模型，其中包含 TCP 與 IP 這兩層，以及應用層與網路介面層。

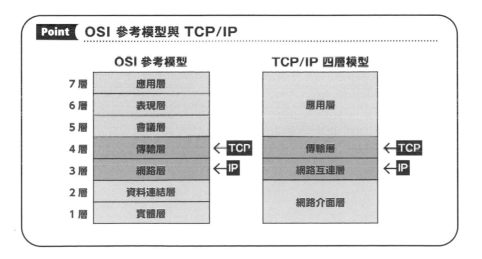

Point OSI 參考模型與 TCP/IP

11

網路的基礎知識

💡 **冷知識**

「階層」是一種想像

「階層」是一種概念。就實際的產品而言，有的傳輸協定橫跨多個階層，有的則是一個階層有多個傳輸協定。

54

IP 位址與子網路

要設定或使用 TCP/IP 必須具備 IP 位址的相關知識。其中會提到一些十進位與二進位的內容，這部分或許有點難，但只要熟悉了，就能用得順手。

54-1 IP 位址

指派給 Linux 機器的網路介面的 IP 位址可使用 **ip** 命令（參考『59-1』）取得。

那麼這個 IP 位址是如何決定的呢？

若要把 IP 位址或 TCP/IP 説得很清楚，恐怕寫幾本書都不夠，所以本書僅介紹必須知道的部分。

所謂的 **IP 位址**就是網際網路或其他網路的伺服器或路由器的獨一無二的編號。

這種「獨一無二」，也就是不重複的編號非常重要，因為這樣才能在全世界這麼多的機器之中，找到我們要連線的機器。

> IP 位址是獨一無二的編號。

💡 冷知識

全球 IP 位址
IP 位址雖然是唯一的編號，但另有能在子網路自由使用的私人 IP 位址（後續會詳加説明）。為了與私人 IP 位址區分，有時會把原本的 IP 位址稱為「全球 IP 位址」或「全球位址」。

IP 位址是以 32 位元呈現的值，為了方便辨識，才改成 aaa.bbb.ccc.ddd 這種以點間隔三位數十進位數的格式。

這些數字的長度為 32÷4，也就是 8 位元。若以十進位呈現 8 位元，就等於 0 ～ 255 的值，換言之，8 位元可呈現 256 個值。

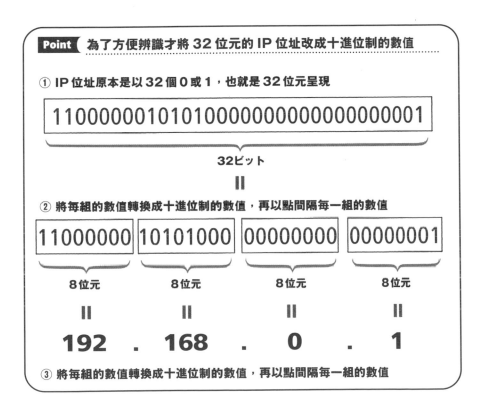

Point 為了方便辨識才將 32 位元的 IP 位址改成十進位制的數值

① IP 位址原本是以 32 個 0 或 1，也就是 32 位元呈現

11000000101010000000000000000001

32ビット
=

② 將每組的數值轉換成十進位制的數值，再以點間隔每一組的數值

11000000	10101000	00000000	00000001
8位元	8位元	8位元	8位元
=	=	=	=
192 .	**168** .	**0** .	**1**

③ 將每組的數值轉換成十進位制的數值，再以點間隔每一組的數值

轉換成十進位數值的 IP 位址落在 255.255.255.255 到 0.0.0.0 之間，IP 位址不會出現 256 的值，也沒有負數。

一如 8 位元可呈現 256 個值，32 位元可呈現 2 的 32 次方，也就是 43 億個值，換言之，可呈現 43 億個 IP 位址。

這 43 億個 IP 位址無法全數使用，因為其中有些位址已保留給未來的用途或是特定的用途，而且後面也會提到，分割網路的時候，也會用到 IP 位址，所以就算 IP 位址多達 43 億個，總有一天也會用完，這就是「IP 位址枯竭問題」。

到目前為止，我們都只以 IP 位址解說，但其實 aaa.bbb.ccc.ddd 這種版本 4 的 IP 位址稱為 **IPv4**，至於大幅擴張為 128 位元的 IP 位址則是版本 6 的 **IPv6**。

有許多主流 OS 都內建了 IPv6，Linux 也可使用這個版本的 IP 位址。

> 💡 **冷知識**
>
> **IPv4 與 IPv6**
> 主流的 IP 位址雖然仍是版本 4 的，但也有版本 6 的 IP 位址。

54-2 IP 位址與子網路

TCP/IP 的網路會對每一台機器指派 IP 位址。雖然 IP 位址是獨一無二的編號，但如果只是從 0 開始依序指派，將會很難管理，所以通常會將網路切成小塊（區段）再使用。

假設想要以公司或部門為單位，建立專屬的網路，此時這種網路可直接稱為**網路**或是**子網路**。要注意的是，這裡所說的網路很容易跟我們認知的「網路」混為一談。網路與子網路有很多個，而且互相連接，所以網際網路就是由多個子網路組成的超大型網路。

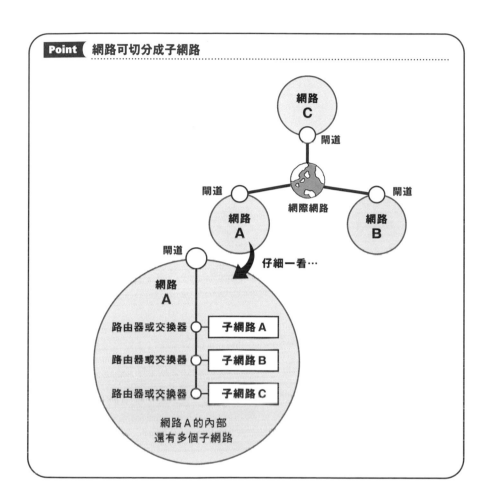

Point 網路可切分成子網路

網路
C

閘道

閘道

網際網路

閘道

網路
A

網路
B

仔細一看…

閘道

網路
A

路由器或交換器 —— 子網路 A

路由器或交換器 —— 子網路 B

路由器或交換器 —— 子網路 C

網路 A 的內部
還有多個子網路

子網路的機器可互相存取（也能禁止互相存取）。要與子網路外部的網路
或裝置互相存取，就必須經過出入口這類構造，而這個構造就是**閘道**。

以一般的構造而言，從子網路（網路）往外存取的出入口至少有一個，
閘道也是其中一種。

標準的閘道器又稱**預設閘道**，如果閘道只有一個，該閘道就會是預設
閘道。

54-3 等級（Class）與 CIDR

過去很常利用**等級**（Class）這個概念將網路切割成子網路這種小單位。若依網路的規模切割，可切割成 A、B、C 這三種等級，等級 C 可使用 256 個 IP 位址，等級 B 為 65,536 個，等級 A 則為 16,777,216 個（只是不可能全部使用），雖然也有等級 D 或等級 E，但屬於特殊用途。

各等級的 IP 位址範圍

等級	IP 範圍	可指派 IP 的主機數量
等級 A	0.0.0.0 ～ 127.255.255.255	16,777,214
等級 B	128.0.0.0 ～ 191.255.255.255	65,534
等級 C	192.0.0.0 ～ 223.255.255.255	254

不過這種分割方式會造成浪費，所以現在已越來越少使用，目前的主流是切割更為精準的 **CIDR**。

CIDR 是將 32 位元的 IP 位址分成**網路部分**與**主機部分**的分割方式，構造非常簡單，相較之下，比前述的分級方式更能有效運用 IP 位址。

舉例來說，假設某個網路需要 400 個 IP 位址，此時若以分級方式切割，就只能切割成等級 B，但如果以 CIDR 的方式切割，只需要設定一個 23 位元的網路部分，就能指派 512 個 IP 位址（不過這只限 400 個 IP 位址全位於相同子網路的情況）。

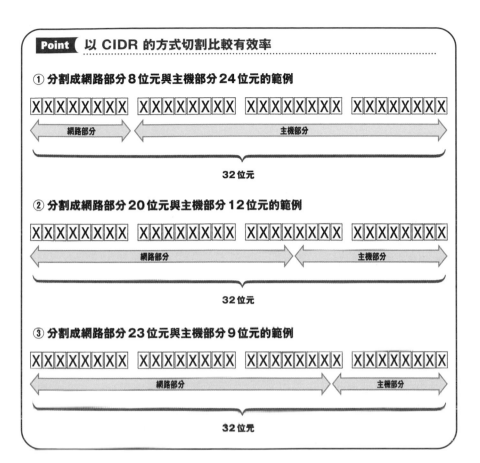

Point 以 CIDR 的方式切割比較有效率

① 分割成網路部分 8 位元與主機部分 24 位元的範例

XXXXXXXX XXXXXXXX XXXXXXXX XXXXXXXX

← 網路部分 → ← 主機部分 →

32 位元

② 分割成網路部分 20 位元與主機部分 12 位元的範例

XXXXXXXX XXXXXXXX XXXXXXXX XXXXXXXX

← 網路部分 → ← 主機部分 →

32 位元

③ 分割成網路部分 23 位元與主機部分 9 位元的範例

XXXXXXXX XXXXXXXX XXXXXXXX XXXXXXXX

← 網路部分 → ← 主機部分 →

32 位元

54-4 網路遮罩與網路前綴

將 IP 位址分成網路部分與主機部分時,會使用的**網路遮罩**或**子網路遮罩**這類特殊位址,標記方式與 IP 位址相同。

網路遮罩屬於網路部分的位元全部是 1,主機部分的位元全部是 0 的構造。在下列 23 位元的例子裡,255.255.254.0 的部分就是網路遮罩。若是網路前綴,則會寫成「/23」這類格式。

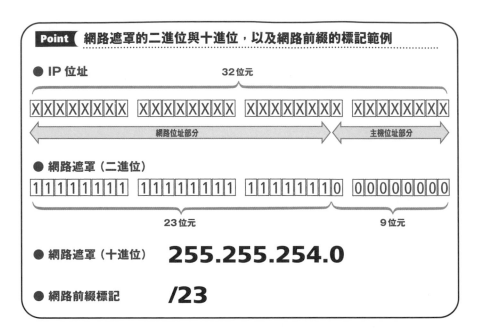

Point 網路遮罩的二進位與十進位，以及網路前綴的標記範例

● IP 位址　　　　　　　　　　32 位元

⬚⬚⬚⬚⬚⬚⬚⬚ ⬚⬚⬚⬚⬚⬚⬚⬚ ⬚⬚⬚⬚⬚⬚⬚⬚ ⬚⬚⬚⬚⬚⬚⬚⬚

網路位址部分　　　　　　　　　　　　　　主機位址部分

● 網路遮罩（二進位）

11111111 11111111 11111110 00000000

23 位元　　　　　　　　　　　　9 位元

● 網路遮罩（十進位）　**255.255.254.0**

● 網路前綴標記　　　　　**/23**

假設**網路前綴**與網路位址（後述）一起寫，可寫成「192.168.1.0/23」。
不過 Linux 的設定通常需要以 x.x.x.x 的格式輸入網路前綴，而且這兩種
標記方式都尚未定案，所以最好把這兩種標記方式都記起來。

Point 有兩種標記方式

192.168.1.0/255.255.254.0

 相同意思

192.168.1.0/23

54-5 子網路與 IP 位址的限制

話說回來，分割為子網路的 IP 位址也無法全部使用。

假設分割為子網路的 IP 位址為 192.168.0.0/24，可用的 IP 位址共有 256 個，使用者無法使用最大位址的 192.168.0.255 與最小位址的 192.168.0.0。前者稱為**廣播位址**，後者稱為**網路位址**，都屬於預留的位址，所以使用者不能使用。

此外，作為網路出入口的閘門也需要指派 IP 位址，所以使用者可使用的 IP 位址只有 256–3=253 個。

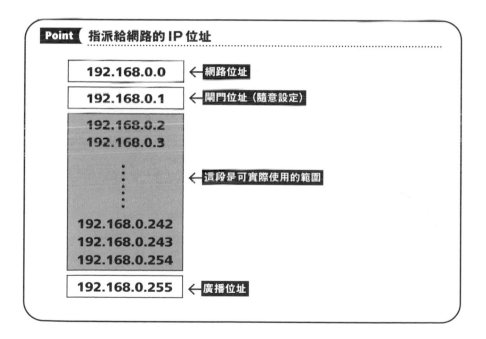

廣播位置可對位於子網路（網路）的所有機器發送封包，網路位址則是代表整個子網路的位址，可與網路前綴一起用來說明網路的規模與 IP 位址的範圍。

由此可知，每個子網路（網路）至少要損失三個 IP 位址，所以將網路分割得太零碎不利使用效率。

54-6 私人 IP 位址

IP 位址是全世界獨一無二的編號，但上限只有 43 億個，所以不能毫無章法地使用。為此，組織內部的網路可改用**私人 IP 位址**。這是在網路內部使用的 IP 位址，所以要怎麼使用都可以，而且不會轉送至網際網路上，所以比使用實際存在的 IP 位址更加安全。

每個區塊都有固定的私人 IP 位址。

私人 IP 位址的範圍（RFC1918 規範）

名稱	位址範圍
24 bit block	10.0.0.0 ～ 10.255.255.255
20 bit block	172.16.0.0 ～ 172.31.255.255
16 bit block	192.168.0.0 ～ 192.168.255.255

冷知識

RFC
RFC（Request For Comments）是統整網路各項規定的規範。

每個區塊分別對應等級 A、等級 B 與等級 C。大部分的路由器都預設了 16bit block 的私人 IP 位址。路由器設定或網路相關書籍的 IP 位址之所以常以「192.168」為例，就是因為使用了這個私人 IP 位址。

54-7 固定 IP 位址與 DHCP

路由器或伺服器這類供外部存取的機器若指派了不斷變動的 IP 位址，就無法順利存取。雖然只要在 **DNS 伺服器** 設定正確的名稱，就還是能存取，但 DNS 伺服器全世界都有，要傳遞正確的名稱還是很花時間。

假設在網路上公開的伺服器的 IP 位址是固定的，就不會產生這類問題。這種 IP 位址稱為**固定 IP 位址**（固定 IP）。

假設 IP 位址不斷變動會有問題，就使用固定 IP 位址。

此外，若不是在網路公開的伺服器，就不需要使用固定 IP 位址。最常見的固定 IP 位址就是網路服務供應商（ISP）提供的 IP 位址。這類 IP 位址通常是全球 IP 位址（所以是固定 IP 位址。有些 ISP 也會提供私人 IP 位址），但為了更有效率地使用有限的 IP 位址，ISP 通常會回收沒有使用者使用的 IP 位址。

IP 位址可從 DHCP 伺服器空著的位址指派，所以不一定每次都一樣。這種 IP 位址稱為**浮動 IP 位址**或動態 IP 位址。若需要使用固定 IP 位址，有可能得另外收費。

> 浮動 IP 位址有可能會變動。

私人 IP 位址的機器通常會以自動分派的方式設定 IP 位址,因為替每台機器設定實在太過麻煩。

這種自動分派 IP 位址的機制稱為 **DHCP**(Dynamic HOst Configuration Protocol),有時的這種分派 IP 位址的伺服器也稱為 **DHCP 伺服器**。一般來説,DHCP 伺服器指派的都是私人 IP 位址(也有指派全球 IP 位址的情況)。DHCP 伺服器會依照無人使用的 IP 位址依序指派,所以 IP 位址會隨著連上網路的順序而變動。

Linux 機器也能當成 DHCP 伺服器使用,但通常會內建路由器。假設手邊有 DHCP 伺服器,就能在新機器連上網路時,省掉設定 IP 位址的步驟,新機器也能立刻使用。

55 封包與路由

TCP/IP 的資料在存取時都以封包為單位，但其實幾乎不會真的操作封包。只要了解網路的基礎知識，就能輕鬆解決問題。

55-1 資料傳輸的基本單位是封包

TCP/IP 會在傳輸資料時，將資料分成小塊再傳輸，而這種小塊的資料就稱為**封包**。

應用程式或伺服器產生的資料會由上而下，往傳輸協定的階層下方傳送，直到抵達實體層後，再透過網路線纜或無線網路傳輸至網路。當資料抵達目的地的機器，再從實體層由下往上，往傳輸協定的階層上方傳送，直到應用程式或是伺服器（應用層），資料再還原為原本的格式。

11

網路的基礎知識

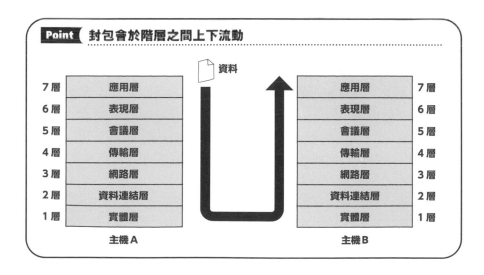

Point 封包會於階層之間上下流動

	主機 A				主機 B	
7 層	應用層		資料		應用層	7 層
6 層	表現層				表現層	6 層
5 層	會議層				會議層	5 層
4 層	傳輸層				傳輸層	4 層
3 層	網路層				網路層	3 層
2 層	資料連結層				資料連結層	2 層
1 層	實體層				實體層	1 層

55-2 傳送封包，診斷網路

在操作 Linux 時，會需要注意封包的情況就是利用 **ping** 命令或 **tracepath** 命令傳送封包，藉由封包傳送的回應情況**診斷**網路的情況。

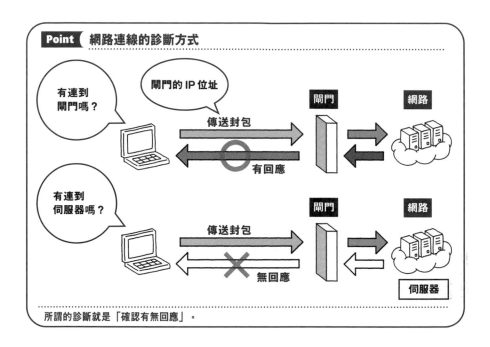

若是位於子網路的機器（的 IP 位址），封包會直接被傳送到這台機器，但如果資料是要傳送至子網路外部的機器，就不會知道傳送路線，此時就必須參考**路由表**（Routing Table）這種 IP 位址表。

假設知道如何抵達終點的 IP 位址，封包就會往該網路的閘門傳送。

假設不知道路線，資料就會往預設閘門傳送。

在實際的情況裡，**閘門**通常是指路由器，路由會檢查封包的寄送目的地，若有該目的地的 IP，就會將封包往該網路傳送。如果不知道 IP，就會直接往上層的路由器傳送。等到資料抵達目的地的閘門（路由器），就會傳送給子網路的收件人的機器。這一連串的處理就稱為**路由**。

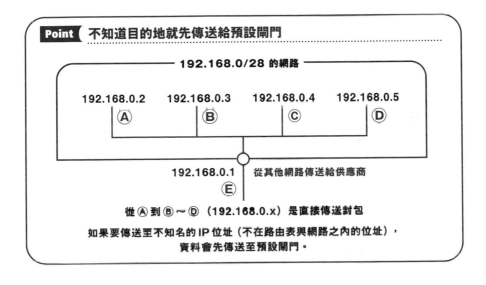

56 名稱解析

要存取網路上的網頁伺服器的時候，通常會以網域名稱代替 IP 位址。雖然網域名稱也分配到 IP 位址，但負責將 IP 位址轉換成網域名稱的就是名稱解析這個機制。

56-1 網域名稱與 IP 位址

網路上的網頁伺服器或郵件伺服器通常都有自己的網域名稱。**網域名稱**與 IP 位址一樣，都是獨一無二的名稱，所以使用者不再需要記住 IP 位址這種一連串的數字，只需要記住類似 linux.org 這種簡單易懂的名字，就能存取需要的伺服器。

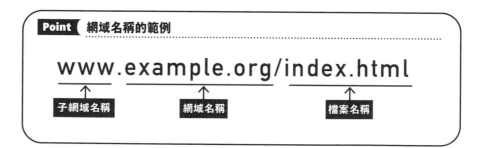

Point　網域名稱的範例

www.example.org/index.html

子網域名稱　　　網域名稱　　　檔案名稱

正常的使用方式是在網域名稱加上點，寫成 www.example.org 這種子網域名稱，之後再將這個子網域名稱指派給網頁伺服器。www 的部分也稱為**子網域名稱**。如果是郵件伺服器，就會寫成 mbox.example.org 這種格式，若是 ftp 伺服器則會寫成 ftp.example.org，子網域名稱可像這樣指派給多個主機。

這些主機當然也都擁有自己的 IP 位址。

串起 IP 位址與網域名稱的是**名稱解析**這項機制。名稱解析使用了 **DNS**（Domain name system）這個系統，而 DNS 本身也是伺服器，所以有時會將這種伺服器稱為 **DNS 伺服器**或直接稱為**名稱伺服器**。

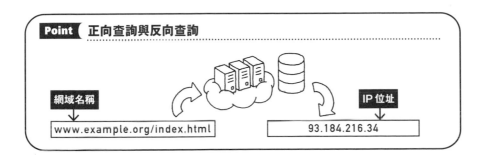

56-2 DNS 伺服器有什麼功能？

當使用者向 **DNS 伺服器**發出「與這個網域對應的 IP 位址是？」的問題時，DNS 伺服器會於資料庫搜尋資料，假設找到了 IP 位址，就會回覆答案。這種流程稱為**正向查詢**，當然也有根據 IP 位址搜尋網域的情況，此時這種流程就稱為**反向查詢**。

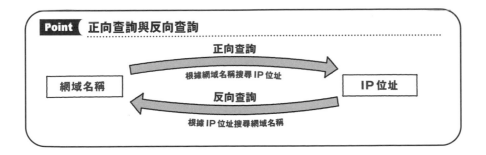

假設 DNS 伺服器的資料庫沒有該網域的資訊，就會往上一層的 DNS 伺服器發問。DNS 伺服器的構造就像是樹狀圖，假設上層的 DNS 伺服器也找不到該網域的資料，就會繼續往上層找。位於這個樹狀圖頂點的伺服器稱為根伺服器，目前全世界共有十三台。

57 通訊埠編號

整頓各種資料傳送服務的是通訊埠編號。就算是相同種類的服務，只要編號不同，該服務就會被視為另一個連線。

57-1 伺服器與通訊埠編號

網頁伺服器或郵件伺服器同時出現在同一台伺服器，或是多個網頁伺服器擠在同一台伺服器的情況並不少見。

要從外部存取這類伺服器，必須使用網域名稱與 IP 位址，但如果一台伺服器同時有網頁伺服器與郵件伺服器，或是有很多個網頁伺服器，那麼又該如何存取呢？

答案就是透過**通訊埠編號**識別。通訊埠編號會替具代表性的服務加上編號，例如網頁伺服器的編號為 80，FTP 的編號為 20 與 21。這種通訊埠編號稱為**公認通訊埠編號（Well-Known）**，編號範圍為 0 ～ 1023。

公認通訊埠編號的部分範例

編號	用途
20	FTP 資料傳送
21	FTP 控制
22	Secure Shell（SSH）
23	Telnet（傳送未加密內容的文字傳輸協定）
25	接發郵件（SMTP）
80	網頁伺服器（HTTP）
110	接收郵件（POP3）
123	Network Time Protocol（NTP）

有了這項機制之後，就算不在網頁瀏覽器的網址列輸入「www.linux.
org:80」，也能存取 www.linux.org 這個網址。

57-2 路由也使用的通訊埠編號

另一個會使用通訊埠編號的地方就是路由器。

大部分的路由器都內建了 **NAT**（Network Address Translation）或
NAPT（Network Address Port Translation）這種位址轉換機制。

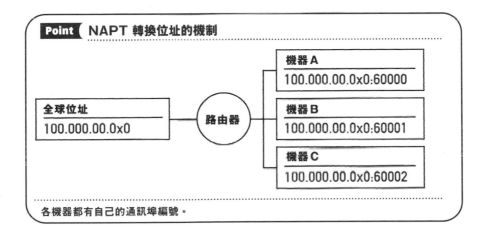

NAT 就是將路由的全球 IP 轉換成私人 IP 位址的機制。但如果只是轉換
位址，會變成一個全球 IP 對應多個私人 IP 位址的情況，所以能利用通
訊埠編號指派多個私人 IP 位址的 NAPT 才會成為主流。現在也有人直
接將 NAPT 稱為 NAT。

第 11 章　網路的基礎知識
網路設定的基本知識

Linux 可利用命令或設定檔調整網路的設定，但自 CentOS
7 之後便能使用同一個命令快速完成網路的設定。

58-1 網路與機器的基本構造

不管是當成伺服器使用，還是當成桌面使用，要讓 Linux 機器成為網路
的一份子，就必須取得該網路的資訊，以及設定該機器所需的幾項資訊。

要讓安裝 Linux 伺服器的機器進入網路，該機器必須具有 IP 位址，之後
這個機器便會與硬體機器一起透過這個 IP 位址傳輸資料。

所謂的**硬體機器**指的是有線區域網路卡或是無線區域網路卡（Wi-Fi
卡）這類硬體。在此可直接稱為網路卡，但大部分機器都內建了網路卡
的功能，所以常有人直接將網路卡與網路卡功能合稱為**網路介面**，如果
是有線區域網路則會稱為**乙太網路介面**。

伺服器同時擁有多個 IP 位址或網路介面的情況不算罕見，例如伺服器租
用服務的共享伺服器就是一台機器使用多個 IP 位址的例子。高規格的一
台伺服器可擁有多個 IP 位址，再提供每位使用者一個 IP 位址。此時網
路介面的數量不一定要等於 IP 位址的數量，意思就是一台機器可以是
「擁有 100 個 IP 位址，卻只有 1 個網路介面」的構造。

也有一台伺服器或機器搭載多個網路介面的例子,例如在網路之間搭起橋樑的機器、路由器與防火牆,這些裝置都可串起兩個不同的網路,進行內容檢查與路由的機器。這些裝置通常是以單機的方式銷售,也有很多是於內部安裝 Linux,所以只要使用者稍微花點心思,也能自行建置 Linux 伺服器。

最常見的情況就是一台裝置(例如伺服器)擁有一個 IP 位址與一個網路介面。接下來本書也要利用這種構造設定相關的設定。

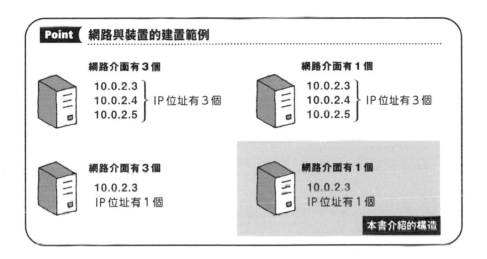

設定網路的時候,需要**閘門**(路由器)、**網路遮罩**(子網路遮罩)、**名稱伺服器**這類資訊。IP 位址與這些資訊通常由建置機器的網路管理員管理,所以設定網路時,必須請管理員提供這些資訊。

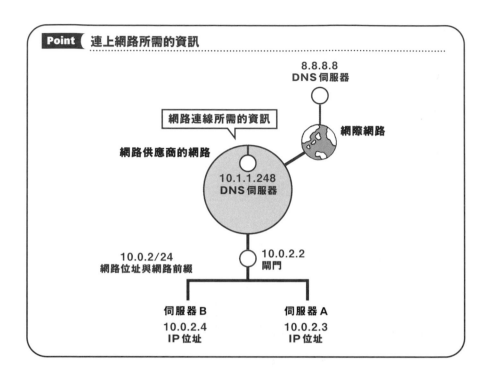

Point 連上網路所需的資訊

8.8.8.8
DNS 伺服器

網際網路

網路連線所需的資訊

網路供應商的網路

10.1.1.248
DNS 伺服器

10.0.2/24
網路位址與網路前綴

10.0.2.2
閘門

伺服器 B
10.0.2.4
IP 位址

伺服器 A
10.0.2.3
IP 位址

58-2 利用 ip 命令確認網路介面

從 CentOS 7 之後，就能使用有別於 CentOS 6 的網路設定方式與命令。雖然 CentOS 7 的系統與程序相關的設定與命令也有一些不同，但是未安裝傳統的網路命令（安裝傳統的網路命令之後就能使用），所以有必要學習新命令的使用方法與操作方法。

過去都是利用 **ifconfig** 命令確認網路介面的狀態，從 CentOS 7 開始改用 **ip** 命令。

Point **ip 命令的使用方法：顯示網路介面的狀態**

顯示 網路介面的狀態。

$ **ip** a **show** Enter

a 是 **addr** 的簡寫。

這項命令可顯示網路介面分配到的 IP 位址、網路遮罩與閘門。

```
$ ip a show Enter
▼

1: lo: <LOOPBACK,UP,LOWER_UP> mtu 65536 qdisc noqueue state UNKNOWN
group default qlen 1000
    link/loopback 00:00:00:00:00:00 brd 00:00:00:00:00:00
    inet 127.0.0.1/8 scope host lo
       valid_lft forever preferred_lft forever
    inet6 ::1/128 scope host
       valid_lft forever preferred_lft forever
2: enp0s3: <BROADCAST,MULTICAST,UP,LOWER_UP> mtu 1500 qdisc pfifo_
fast state UP group default qlen 1000
    link/ether 08:00:27:83:3c:10 brd ff:ff:ff:ff:ff:ff
    inet 10.0.2.15/24 brd 10.0.2.255 scope global noprefixroute
dynamic enp0s3
       valid_lft 86219sec preferred_lft 86219sec
    inet6 fe80::76f6:8bf0:28b4:8f57/64 scope link noprefixroute
       valid_lft forever preferred_lft forever
```

這是最常見的結果，也就是搭載的一個網路介面分配到一個 IP 位址的情況。網路介面本身的編號分別是 1 與 2。

1 號的「lo」稱為**回送網路介面**，是一種邏輯介面，代表的是這台機器本身，有時也稱為**本地回送介面**。

這個「lo」網路介面分配到的 IP 位址會落在「127.0.0.1 ～ 127.255.255.254」的範圍裡，這個位址稱為**回送位址**，通常分派的位址都會是「127.0.0.1」，可用來確認網路是否正常運作。

機器搭載的網路介面是 2 號的「enp0s3」。如果 2 號的網路介面什麼都沒顯示，代表裝置無法辨識網路介面，或是未搭載網路介面，也有可能網路介面壞掉了。如果能看得到「enp0s3」這種網路介面，但是卻沒有分配到 IP 位址的話，代表網路介面未啟動或是 IP 位址的設定不正確。

本書學習環境的 CentOS 已事先將「10.0.2.x/24」指派給 enp0s3，如此設定的目的在於在 VirtualBox 端設定「NAT」之後，就會設定「10.0.x.0/24」這個虛擬環境下的網路。這個網路為 8 位元，所以廣播位址為 10.0.2.255。

enp0s3 的 IP 位址 10.0.2.x 在初始狀態下，x 會是 15 這類數值。除了具有特殊意義的 0、1（路由佔用的數數。也有其他的數值）與 255 之外，這個 x 可以是任何數字。

● 參考：Oracle VM VirtualBox User Manual
9.8.1.Configuring the Address of a NAT NETwork Interface
https://www.virtualbox.org/manual/ch09.html#na-=address-config

58-3 啟用網路介面

自 CentOS 7 開始，網路可利用 **nmtui** 命令啟動**網路管理員**（Network Manager）管理。

之後還要變更系統的設定，所以先利用 **su** 命令切換成管理員的身份，接著再執行 **nmtui** 命令。

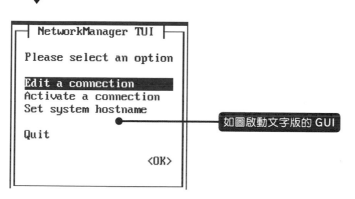

```
$ su Enter
password:     ◄ 本書統一使用這個命令提示字元
# nmtui Enter
```

▼

```
┌─┤ NetworkManager TUI ├─┐

  Please select an option

  Edit a connection
  Activate a connection
  Set system hostname          ● ─────── 如圖啟動文字版的 GUI

  Quit

                    <OK>
```

接著讓我們確認網路介面是否正常運作。利用 ↑ ↓ ← → 鍵將滑鼠游標
移動到下面的「Activate a connection」再按下 Enter 鍵。

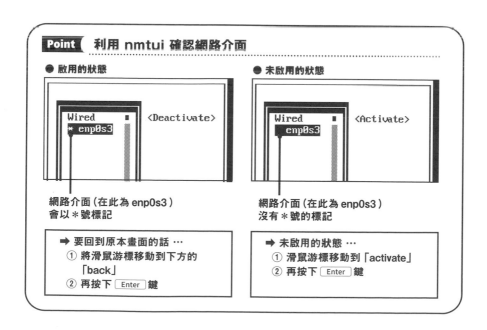

Point 利用 nmtui 確認網路介面

● 啟用的狀態

```
  Wired           ■  <Deactivate>
  * enp0s3
```

網路介面 (在此為 enp0s3)
會以 * 號標記

→ 要回到原本畫面的話 …
① 將滑鼠游標移動到下方的
  「back」
② 再按下 Enter 鍵

● 未啟用的狀態

```
  Wired           ■  <Activate>
  enp0s3
```

網路介面 (在此為 enp0s3)
沒有 * 號的標記

→ 未啟用的狀態 …
① 滑鼠游標移動到「activate」
② 再按下 Enter 鍵

假設啟用了未啟用的網路介面，可在命令列輸入 **systemctl** 命令，才能套用 nmtui 的設定。將滑鼠游標從 nmtui 的首頁移動到「Quit」再按下 Enter 鍵結束 nmtui。回到命令列之後，利用下列的 **systemctl** 命令重新啟動網路功能。

```
# systemctl restart network Enter
```

如此一來，就能套用 nmtui 的設定。

58-4 利用 nmtui 設定固定 IP 位址

本書所提供的 CentOS 學習環境已利用「automatic（自動）」的方式將 IP 位址指派給機器。一旦設定為自動指派，就會自動指派「10.0.2.15」這類 IP 位址，也會自動取得其他的相關資訊，算是非常方便的做法，大部分的家用路由器也採用了相同的模式。

不過，要將裝置當成 Linux 伺服器使用時，就必須在裝置自行設定 IP 位址，否則以自動的方式設定 IP 位址，IP 位址很有可能有時變動，也就無法當成伺服器使用。

網路設定也會受到外部的網路構造影響，所以需要更多的資訊。由於這不是本書要介紹的部分，所以省略網路設定的細節，在此僅介紹在裝置設定固定 IP 位址的方法。

一如前述，本書的學習環境 CentOS 7 使用的是來自 VirtualBox 的 10.0.x.0 /24 的 IP 位址，所以要指派的固定 IP 位址只要落在這個範圍之內，就不會對網路的運作造成任何影響。接著讓我們試著將固定 IP 位址設定成下列表格裡的值。

設定所需的資訊	設定值
指派給裝置的 IP 位址	10.0.2.80
裝置隸屬的網路	10.0.2/24
閘門	10.0.2.2
DNS 伺服器	8.8.8.8

有些設定在最初是以 automatic 的方式設定，而這次變更的部分有「指派給裝置的 IP 位址」以及「DNS 伺服器」的值。DNS 伺服器的 8.8.8.8 是由 google 提供的公開 DNS 伺服器，這數值很容易記住，所以很多人使用。

接著在 nmtui 設定上述的資訊。

① 啟動 nmtui。

```
# nmtui Enter
```

② 將滑鼠游標移動到「Edit a connection」再按下 Enter 鍵。

③ 將滑鼠游標移動到網路介面再按下 Enter 鍵。

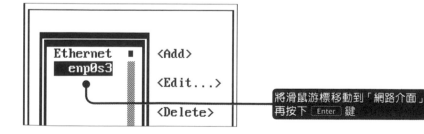

④ 切換到下一個畫面後，將滑鼠游標移動到「IPv4 CONFIGURATION」右側的「Automatic」再按下 Enter 鍵。

⑤ 接著將滑鼠游標移動到「Manual」再按下 Enter 鍵。

⑥ 將滑鼠游標移動到「IPv4 CONFIGURATION」右側的「Show」再按下 Enter 鍵。

⑦ 將滑鼠游標移動到各項目的「Add」再按下 Enter 鍵，就能輸入要設定的值。

⑧ 如圖輸入需要的值。

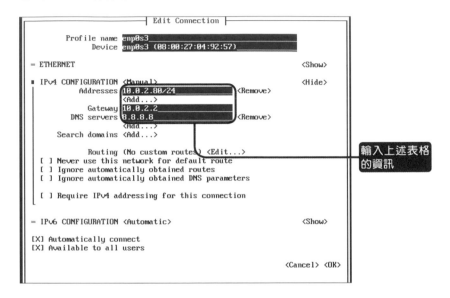

⑨ 輸入完成後，將滑鼠游標移動到右下角的「OK」再按下 Enter 鍵。

⑩ 在下一個畫面選擇「Back」回到首頁，再於「Activate a connection」確認網路介面是否已啟用。若是未啟用，就先啟用。

⑪ 回到命令列，套用剛剛在 nmtui 完成的設定。

```
$ systemctl restart network Enter
```

接著確認網路介面的狀況。假設 IP 位址與之前不同，代表設定正確。

```
# ip a show Enter
```

▼

```
1: lo: <LOOPBACK,UP,LOWER_UP> mtu 65536 qdisc noqueue state UNKNOWN
group default qlen 1000
    link/loopback 00:00:00:00:00:00 brd 00:00:00:00:00:00
    inet 127.0.0.1/8 scope host lo
       valid_lft forever preferred_lft forever
    inet6 ::1/128 scope host
       valid_lft forever preferred_lft forever
2: enp0s3: <BROADCAST,MULTICAST,UP,LOWER_UP> mtu 1500 qdisc pfifo_
fast state UP group default qlen 1000
    link/ether 08:00:27:04:92:57 brd ff:ff:ff:ff:ff:ff
    inet 10.0.2.80/24 brd 10.0.2.255 scope global noprefixroute
enp0s3
       valid_lft forever preferred_lft forever
    inet6 fe80::1f69:7f1c:3c49:e185/64 scope link noprefixroute
       valid_lft forever preferred_lft forever
```

58-5 利用 nmcli 命令設定 IP 位址

在『58-4』時已在 **nmtui** 替裝置設定了固定 IP 位址,接著要介紹以 **mncli** 命令設定的方法。

假設是以一般使用者的身份登入,必須先利用 **su** 命令切換成管理員使用者。

```
# su Enter
paaword:       ◀ 輸入管理員使用者的密碼 Enter
```

若要設定固定 IP 位址可輸入下列的命令。" 之內的第一個數字是要設定給裝置的固定 IP 位址/網路前綴(網路的規模),第二個數字是閘門的位址。

```
# nmcli c mod enp0s3 ipv4.method manual       ◀ 寫成一列
ipv4.addresses "10.0.2.80/24" ipv4.gateway "10.0.2.2" Enter
```

接著設定 DNS 伺服器的部分。

```
# nmcli c mod enp0s3 ipv4.dns "8.8.8.8" [Enter]
```

雖然這兩列命令都很長，但都是一列就結束的命令，很適合利用歷史記錄功能重複嘗試輸入。

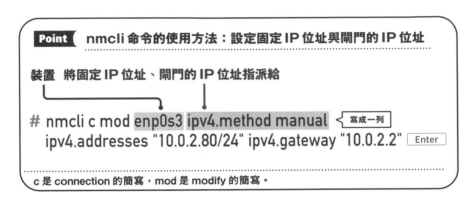

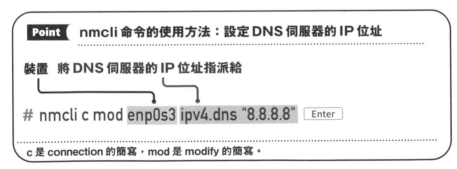

要套用設定可利用下列的 **systemctl** 命令重新啟動網路功能

```
# systemctl restart network [Enter]
```

或是如下停用裝置再啟用裝置。

```
# nmcli c down enp0s3 Enter
# nmcli c up enp0s3 Enter
```

58-6 利用 nmcli 命令顯示裝置

ip 命令可確認裝置搭載了哪些網路介面，**nmcli** 命令則是確認搭載了哪些裝置。

```
# nmcli d Enter
```
▼
```
DEVICE   TYPE      STATE       CONNECTION
enp0s3   ethernet  connected   enp0s3
lo       loopback  unmanaged   --
```

結果排列得非常容易閱讀吧！

59 網路命令的初步總結

CentOS 7 之後，理所當然地內建了網路相關的命令。在此介紹的命令都不是 CentOS 6 那些舊到不想推薦的命令，大家可以安心使用囉。

59-1 利用 ip 命令取得資訊

ip 命令主要是取得資訊的命令，而這項命令繼承了 CentOS 6 幾項命令的功能，例如 **ifconfig**、**route**、**arp** 這類命令就是其中之一，讓我們一邊比較這些命令的功能，一邊了解不同之處吧！

CentOS 7 之後	CentOS 6 之前	內容
ip a[ddr]	ifconfig	取得網路介面的資訊
ip r[oute]	route	取得路由表的資訊
ip n[eighbor]	arp	根據 IP 位址取得 MAC 位址的資訊

※ [] 內的部分可省略不輸入

ip addr 命令之外的命令有點難用，也很少使用。

59-2 利用 ping 命令確認回應

ping 命令可對特定 IP 位址投遞特殊封包，再根據回應確認該 IP 位址的機器是否存在，運作是否正常，若是可進行名稱解析的環境，還能以網域名稱代替 IP 位址。

這是解決網路問題最基本的命令，但不能過度依賴這個命令，因為最近有越來越多伺服器或網路機器不回應來自外部的 ping，所以請把 ping 命令當成調查所需的方法就好。

```
$ ping -c 3 10.0.2.2 [Enter]
```

↑ 選項 –c 可指定投遞封包的次數（範例的「–c 3」代表三次）

▼

```
PING 10.0.2.2 (10.0.2.2) 56(84) bytes of data.
64 bytes from 10.0.2.2: icmp_seq=1 ttl=64 time=0.192 ms
64 bytes from 10.0.2.2: icmp_seq=2 ttl=64 time=0.494 ms
64 bytes from 10.0.2.2: icmp_seq=3 ttl=64 time=0.609 ms

--- 10.0.2.2 ping statistics ---
3 packets transmitted, 3 received, 0% packet loss, time 2000ms
rtt min/avg/max/mdev = 0.192/0.431/0.609/0.177 ms
```

59-3 透過 tracepath 命令確認路由

tracepath 命令是之前當成 **traceroute** 使用的命令，與 **ping** 命令一樣，都是很常使用的命令。

tracepath 命令可顯示抵達目標 IP 位址的路由與時間，所以能取得網路是否中斷，或是存取是否異常的資訊，非常建議根據這些資訊確認網路的問題。

```
$ tracepath 8.8.8.8
```

▼

```
1?: [LOCALHOST]                                        pmtu 1500
1:  gateway                                              0.225ms
1:  gateway                                              1.118ms
2:  no reply
3:  no reply
～省略～
```

59-4 利用 nmcli 命令確認各種資訊

如表格所示，**nmcli** 命令的用途很多，有些也與 **ip** 命令重複。

命令	內容
nmcli c[onnection]	取得連線資訊
nmcli d[evice]	取得裝置資訊
nmcli g[eneral]	取得一般資訊
nmcli n[etworking]	取得網路資訊

※ [] 內的部分可省略不輸入

第11章  練 習 問 題

問題 1

下列何者是正確的 TCP/IP 四層模型？

ⓐ TCP →應用層、IP →網路介面層

ⓑ TCP →應用層、IP →傳輸層

ⓒ TCP →傳輸層、IP →網路介面層

ⓓ TCP →傳輸層、IP →網路層

問題 2

在網路世界裡，伺服器主要是利用 IP 位址這一連串的數字識別，但不輸入這些數字也能利用「XXX.com」這種位址與特定的伺服器連線。請問這種從名稱指定 IP 位址的機制稱為什麼？

問題 3

下列何者是取得網路狀態與構造的命令？

ⓐ at

ⓑ net

ⓒ ip

ⓓ ping

11

網路的基礎知識

解 答

問題 1 解答

正確答案為 ⓓ 的 TCP →傳輸層、IP →網路層。

TCP/IP 的傳輸協定（傳輸資訊所需的聯絡方式）是透過網路層的 IP 以及傳輸層的 TCP 傳輸資料。

問題 2 解答

正確答案為 DNS（Domain Name System）。

這個機制稱為 DNS（Domain Name System）。DNS 伺服器的資料庫存有成對的網域名稱與 IP 位址。DNS 伺服器通常會配置在網路階層的上層，如果伺服器無法進行名稱解析，就會往上層的伺服器尋找。樹狀構造的最上層有十三台根伺服器。

問題 3 解答

正確答案為 ⓒ 的 ip。

這項命令可針對系統的網路介面取得網路的狀態、設定資訊、收發的封包數，netstat 命令也可取得類似的網路資訊。

第 **12** 章

伺服器租用服務、
虛擬伺服器、
雲端服務的
基礎知識

60 從伺服器租用服務演化為虛擬伺服器、雲端服務

本書到目前為止介紹了直接操作 Linux 的方法，但實際管理伺服器的時候，常常會以遠端操控的方式操作，所以本書要在尾聲的時候，介紹一些成為 IT 基礎建設工程師所需的知識。

60-1 什麼是伺服器租用服務？

在過去，伺服器就在管理員身邊，管理員隨時可直接操作伺服器，或是透過自己的個人電腦遠端操作伺服器。

可是當小部門或小公司也得提供電子郵件或網頁服務之後，「該由誰管理伺服器」就是個問題，因為小公司很難設置專任的伺服器管理員。

就算某個員工懂得操作伺服器，但是這個員工除了日常的業務之外，還得額外維護伺服器與網路，工作會變得累上加累。

此時登場救援的就是提供各種伺服器功能的**伺服器租用服務**。

伺服器租用服務提供了各種服務。

- 網域
- 電子郵件
- 網頁伺服器

使用者可分別租用這些服務，或是選擇套裝組合的服務。

此外，也可以租用整台伺服器，在上面安裝 Linux、Windows 以及在這些作業系統安裝伺服器程式。

透過網頁瀏覽器操作這類租用伺服器的情況越來越多，但是透過遠端連線的方式，直接在終端機畫面操作租用伺服器的情況也十分常見。

後者會以 SSH 這種傳輸協定進行遠端連線，只要網路速度正常，感覺上就像是在自己的機器執行 Linux 一樣。

12

伺服器租用服務、虛擬伺服器、雲端服務的基礎知識

在租用整台伺服器與安裝作業系統的情況下，需要遠端完成各種作業，所以得採用 SSH 遠端連線。

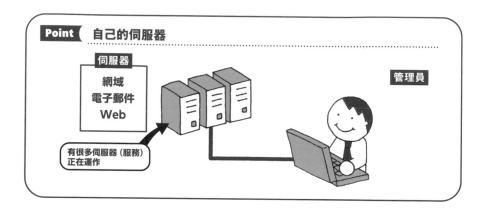

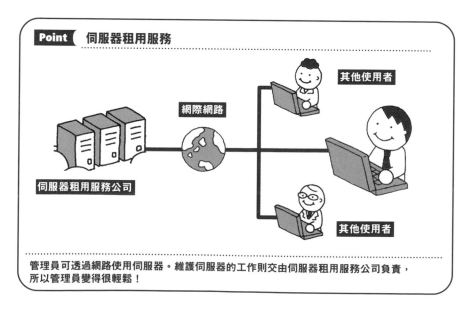

管理員可透過網路使用伺服器。維護伺服器的工作則交由伺服器租用服務公司負責，所以管理員變得很輕鬆！

60-2 什麼是虛擬伺服器？

專用伺服器雖然很好用，卻也因為一次要租一整台伺服器，所以租用費很高。

「有沒有便宜一點，好用一點的租用伺服器呢？」滿足這個需求的就是 **VPS**（Virtual Private Server）。

VPS 使用的是**虛擬化技術**，這種技術可在一台伺服器之內建立多台虛擬的伺服器，而且這些虛擬伺服器都可獨立運作，所以方便性、操作性都與專用伺服器相同，也因此是由一台伺服器提供多台伺服器服務，所以成本相對便宜。

這類服務得以實現，主要是因為伺服器機器的性能提升以及網路越來越快。

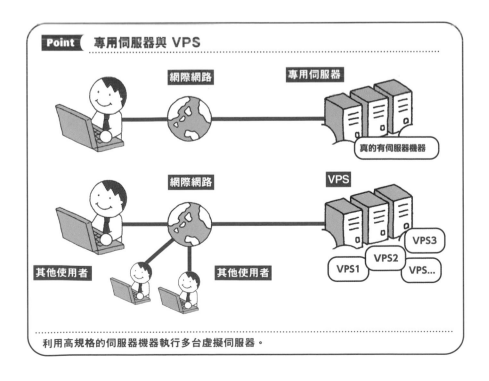

利用高規格的伺服器機器執行多台虛擬伺服器。

伺服器租用服務、虛擬伺服器、雲端服務的基礎知識

話說回來，本書用來執行 CentOS 的 VirtualBox 也使用了虛擬化技術，也就是在 Winidows 執行 VirtualBox，再於 VirtualBox 安裝 CentOS 7。

本書的 VirtualBox 與 VPS 的差異只有能否從主控台（鍵盤）直接操作伺服器而已。如果設定成能從其他電腦遠端與 VirtualBox 連線的模式，就能進行類似 VPS 的操作。

60-3 從 VPS 進化成雲端服務

VPS 的租用費雖然比較便宜，但不管是否使用都得付費，而且要增加功能或是租用的磁碟容量不足時，都必須換到新的伺服器，當公司的業務型態改變，VPS 有時就顯得不是那麼好用。

不過虛擬化技術也不斷進化，可將虛擬化伺服器的記憶體、硬碟、SSDF（儲存裝置）、CPU、分成不同的伺服器功能（資源），而集這類技術之大成的就是**雲端服務**（Cloud）。

使用雲端服務時，通常可挑選需要的資源，而且更重要的是，「之後還能視情況調整資源」。

以「剛開始不知道會有多少人使用服務，所以先試營運看看」的情況為例，若採用雲端服務，可先以資源較少的套餐開始，等到使用者增加，再視情況增加 CPU 或記憶體。

如此一來，管理員不需要將整套設定移植到新的伺服器，也能因應生意規模的變化，也能以最低的費用經營服務。

在 VPS 或雲端運作的虛擬伺服器稱為**實體**，如果不再需要使用，也可停用這個實體。

只要實體停止運作，就不太需要付費，所以若只是季節性的宣傳或是其他不需要隨時提供的服務，可先備份實體，再於需要的時候重新啟用實體。能如此靈活運用這點，也是雲端服務的優勢之一。

雲端服務可隨時調整需要的資源。

雲端服務的好處雖然很多，但還是有一些需要注意的部分，例如「付多少費用，使用多少資源」的收費方式就是需要注意的地方，因為有可能會發生不知道公司想使用的服務或是想提供的服務「得耗費多少成本」以及「不知該編列多少預算」的問題。

問題 1

在一台伺服器機器執行多台虛擬伺服器是何種機制？

問題 2

在 VPS 或雲端運作的虛擬伺服器又稱為？

解 答

問題 **1** 解答

正確答案是虛擬化技術。

VirtualBox 也使用了虛擬化技術。

問題 **2** 解答

正確答案是實體。

使用雲端的好處在於有這個實體。雖然每家廠商提供的服務或簽約方式都不同，但通常可在不需要使用的時候停用實體，節省經費支出。

索引

作者簡介

河野 寿（かわの ことぶき）

小學就常到秋葉原買電子零組件，自行組裝收音機或蜂鳴器，是個非常平凡的少年。進入理科聞名的學校後，便與電腦維持良好的關係，同時嘗試不同的事物，直到現在不改其志。

●著有：《玄箱PROの本》、《Cygwi nコンパクトリファレンス》、《図解で明解メールのしくみ》（以上均由毎日コミュニケーションズ出版）、《いっきにわかるパソコン購入のツボ》（宝島社出版）與其他。

圖解 LINUX 指令操作與網路設定

作　　　者：河野 寿
封面設計/插圖：MORNING GARDEN INC.
校對合作：森 隼基
譯　　　者：許郁文
企劃編輯：莊吳行世
文字編輯：江雅鈴
設計裝幀：張寶莉
發 行 人：廖文良

發 行 所：碁峰資訊股份有限公司
地　　　址：台北市南港區三重路 66 號 7 樓之 6
電　　　話：(02)2788-2408
傳　　　真：(02)8192-4433
網　　　站：www.gotop.com.tw
書　　　號：ACA026300
版　　　次：2020 年 10 月初版
　　　　　　2023 年 06 月初版五刷
建議售價：NT$480

國家圖書館出版品預行編目資料

圖解 LINUX 指令操作與網路設定 / 河野寿原著;許郁文譯. -- 初
　版. -- 臺北市：碁峰資訊, 2020.10
　　面；　公分
　ISBN 978-986-502-634-9(平裝)
　1.作業系統
312.54　　　　　　　　　　　　　　　　　　1090015348

讀者服務

● 感謝您購買碁峰圖書，如果您對
本書的內容或表達上有不清楚
的地方或其他建議，請至碁峰網
站：「聯絡我們」\「圖書問題」
留下您所購買之書籍及問題。
（請註明購買書籍之書號及書
名，以及問題頁數，以便能儘快
為您處理）
http://www.gotop.com.tw

● 售後服務僅限書籍本身內容，若
是軟、硬體問題，請您直接與軟
體廠商聯絡。

● 若於購買書籍後發現有破損、缺
頁、裝訂錯誤之問題，請直接將
書寄回更換，並註明您的姓名、
連絡電話及地址，將有專人與您
連絡補寄商品。